U0042155

大腦減壓的子彈筆記術

用 Evernote 打造快狠準任務整理系統

電腦玩物站長 Esor

十年磨一劍，我如何架構出這套時間管理系統？

作者：電腦玩物站長 Esor
部落格：https://www.playpcesor.com/

大概是從三年前開始吧？在自己的時間管理課程、Evernote 子彈筆記術課程中，我嘗試從各種角度，跟上課的學員一起演練這本書中所要介紹的時間管理系統。

上過課的學員，往往課後心得中都包含著：「不可思議、驚喜連連、當頭棒喝」這類的形容詞，還有好幾次有人問我說：「Esor，你是花了多少時間，來研究出這樣一套思考得非常徹底，架構得非常嚴謹的時間管理系統呢？」

我總是會這樣回答：「我是花了一生的時間來架構出這樣的系統。」

這不是誇張的說法，這也不是說這套系統要花很多時間去做練習。剛好相反，這是說在我的核心觀念中，我們總是不斷的想讓自己更有效率一點，不斷的希望自己可以去完成更有價值的事情，在這樣的情況底下，任何事情都應該是在一個不斷調整、不斷改變、不斷成長的狀態，這才合理。

所以我說，我是花了一生時間來架構這樣的系統。這個意思其實是說，任何時候，我都在思考著更好的可能性，任何時候我都在追求一個成長的目標，沒有完成的一天，直到我入土。

不過這就是時間管理最有趣的部分，真的很有趣！

我們以前的很多時間方法可能搞錯了，把自己陷入了行動

的焦慮，陷入了做不完事情的煩惱，陷入了更大的壓力，但時間管理不應該是這樣子！

改變應該是很有趣的，成長應該是要帶來成就感，方法應該是符合人性的。

在這本書中，我的時間管理方法有很多的源頭，最早可以追溯到 GTD 的時間管理理論，最近則參考了許多近幾年風行的子彈筆記方法的思考。但是，這個方法都與他們有所不同，更關鍵的是，這是一個我自己真實實踐，並且現在依然實踐的時間管理系統。

不過裡面更多的是我的創造、我的修正，目的是希望建立一個真正能夠去實踐的改變。然後，這個系統架構在我自己最愛用，也最擅用的 Evernote 上。

最後說明一下，這本書前面 1/3 的內容，其實是一套可以用在任何工具上面，並不限於 Evernote 的時間管理系統論述。

後面 2/3 雖然會跟 Evernote 的許多功能結合，教你怎麼樣一步一步把這個系統，在你的工具上面架構起來。但是聰明的讀者，也一定可以從這樣的方法，拿回去套用到你所使用的不同時間管理工具上面。

這本書，可能是我目前寫過架構最嚴謹的一本著作，從頭到尾沒有多餘的篇章，每一篇章之間有前後起承轉合的邏輯。因為這一次，我希望幫大家真正的從頭到尾架構出一套可操作、可實踐，並且真正完成你的計畫的任務管理系統。

希望這本書真的可以對大家有所幫助！

目錄　Content

● **第七章：最終選擇，每週每日子彈行動清單**

● **第八章：這是一個幫助自己愈來愈有效率的
　　　　成長系統**

第一章

時間管理
如何真正有效？

1-1 為什麼嘗試各種時間管理方法最後都失效？

在本書一開始，讓我們先想想看，自己有沒有下面這樣的情況。

工作非常雜亂，有許多重要又困難的專案，同一時間在推進，自己常常分身乏術，顧此失彼。而同一時間，工作上依然有著許多的意外，在自己最忙碌的時刻，往往又一件被主管、客戶稱之為重要又緊急的任務，丟到了自己身上。

而在生活中，那些個人興趣，或是想要照顧好的家庭關係，往往在這樣忙碌的工作氛圍下，被自己捨棄在一旁，雖然常常怨嘆，但也感受到無能為力去解決時間不夠的問題。

在這樣工作與生活的雙重挫折下，開始進入一個惡性循環，面對任何專案都覺得壓力像是山一樣的大，每個新任務出現時

只想到逃避與排斥，人生的行動失去了樂趣，時間再也不在自己的掌控中，而「我」也沒有成為我自己想要成為的那樣的人。

　　好的，先放下上面沉重的回想，喘口氣，再讓我們進一步想想看，自己有沒有嘗試解決過這樣的問題呢？

　　可能我們會發現，有的！我們其實都有想解決過這樣的問題，我們並非就是想一直擺爛，我們並非只想屈服現狀，我們也並非只會怨天尤人，我們確實想要改變。

　　但是讓那些曾經想要改變的記憶繼續往下播放，或許，我們又開始覺得喘不過氣來，因為我們發現：

為什麼那些自己嘗試過的時間管理改變，最後還是又回到原本雜亂、高壓、拖延與缺乏成就感的狀態？

　　為什麼會這樣呢？因為，一個有效的時間管理，一個可以讓自己快樂的自我實現方法，不能只是依靠方法、個性、想法的改變，而要依靠「一套系統」的改變。

我們太想依靠「自己」解決問題

讓我舉個例子，如果今天我想要去海邊浮潛，但我實際上不善於游泳，或是不會游泳，這時候怎麼辦呢？

我是想盡辦法用自己彆腳的泳技，拚命去挑戰浮潛嗎？但這樣不僅失敗機率很高，事實上還有安全問題。

還是說，我先等自己好好把游泳練好，再去享受浮潛的樂趣呢？但那會是什麼時候呢？這就好像等退休後再來享受旅行，等工作不忙時再來陪伴孩子一樣，不僅實現的那一天遙遙無期，等到真的有辦法了，或許實現的價值也已經消失殆盡。

當我們困在上面的窘境，覺得自己因為技能不足、時間不夠，沒辦法好好享受浮潛時，卻沒有發現，簡單的方法就在旁邊。

什麼是簡單的方法？就是浮潛不一定需要依靠游泳技巧，甚至不一定要會游泳，只要有教練教你整套操作、應變的流程，然後戴上浮潛設備，依靠指示一步一步執行，就能在浮潛中欣賞美麗的海底世界。

當然，或許游泳高手可以享受更進階的樂趣，但無礙於一般人可以「依靠一個支援系統」來達成浮潛願望。而且說不定

當你真正能體會樂趣後，就會開始愈來愈上手游泳，甚至更努力去增進泳技。

時間管理，也是同樣的道理。

我們不能依靠自己的天性與能力來解決問題，那很容易失控，更容易恢復原本狀態，也常常緩不濟急。

我們需要的，是一套時間管理的「支援系統」，讓任何人都能享受時間管理帶來的效率、成就感，甚至不可思議的樂趣。

不需要是一個有意志力的人，不需要是先充滿熱情，都可以依靠支援系統，獲得自己的時間管理效果，甚至進一步的，依靠這樣的系統，我們會一步步找到自己的意志力與熱情。

我們太想依賴「工具」、「技巧」解決問題

但什麼是一套支援系統呢？讓我再舉個例子。

　　新的一年，總是從一個很漂亮的計畫開始，空白筆記本一開始寫得井井有條，一起都開始得那麼美好，但很快的，我們會發現自己又進入雜亂狀態，又開始東牆補西牆，又開始混亂忙碌，哪裡出問題就去哪補洞，那些新年的願望目標，早就丟到九霄雲外。

　　我記得前幾年子彈筆記方法剛剛開始流行的時候，有一個朋友實踐了子彈筆記方法一段時間，他跑來跟我討論說：「這個方法沒用！」我說，子彈筆記方法全球風行，怎麼會沒用呢？

　　朋友那時候是這樣跟我說的，他雖然依照子彈筆記方法的說明，列出了很漂亮的行動清單、設計了好看的行事曆頁面，一開始確實感覺到躍躍欲試，充滿鬥志。但是沒過多久，開始跟之前使用任何時間管理工具或方法一樣，行動清單慢慢的只是一大堆做不到、沒辦法打勾、永遠被拖延到第二天的待辦事項。

　　於是就算子彈符號做得再漂亮，行事曆畫得再精美，但漸漸的大量累積做不到的待辦事項，讓自己再也不想打開這份待辦清單，甚至看到他就痛苦，而這樣一來，又累積了大量失控的事務，最後，就宣告子彈筆記方法無效！

　　但事實上真的是如此嗎？

如果深入研究子彈筆記方法，會發現他真正的核心並非只是列出子彈符號，也非只是寫出漂亮的行動清單而已。更關鍵的是，子彈筆記方法要我們用目錄、索引，去管理任務跟任務之間的連結，去拆解重要的目標專案，利用這套系統去聚焦重要的事情，並且讓每一件事情都可以在筆記本的某一頁找到他最適合的擺放位置。最後，我們才會知道在行動清單上如何有效的規劃出一個一個子彈。

而我們有「完整的實踐」子彈筆記方法的每一個關鍵環節嗎？有依照他的流程的啟發，去改造自己的工作流程嗎？還是只採用了他寫行動清單的技巧？畫符號的技巧而已？跳過了那些更關鍵的支援環節？

子彈筆記方法之所以被許多實踐者認為有效，關鍵就在於它不是一個單一的方法，而是一套思考全面的系統，他思考了任務如何發生？人如何去做選擇？怎麼找到專注？怎麼樣拆解任務更有行動力？應該如何安排自己的日程？怎麼在混亂的事務中找到按圖索驥的方向？每一個環節搭配起來，本質的問題才會被解決。

而如果我們只是用了其中幾個看起來特別「吸睛」的技巧，卻沒有看到背後真正的「支援系統」，那麼當然最後時間管理還是回到混亂的狀態。

　　這也是為什麼我們常常看到一些新鮮工具，有些厲害功能，就誤以為這樣的工具可以改變自己的時間管理，但結果用了工具一陣子，發現自己時間管理依然混亂，就說工具無效。

其實不是子彈筆記無效，不是工具無效，而是我們只操作了功能，卻沒有建立背後那個幫助功能真正發揮效用的「支援系統」。

　　看到一個書法名家，用一支名筆寫出了漂亮的書法，我們就誤以為只要擁有名筆就能寫出好書法。看到攝影大師，用某台相機拍出漂亮的照片，我們就誤以為只要也擁有那台相機，就能拍出好照片。

　　當然，名筆、相機、工具、技巧，確實有幫助。但真正能夠讓最有價值成果誕生的，還是背後那套支援系統，可能是書法名家的架構文字的每一個步驟，可能是攝影大師的構圖取景流程，可能是時間管理高手如何整理任務、如何拆解任務、如何建立目標、如何挑選價值的一個完整系統。

100% 的系統，而非只是解決眼前問題

知名時間管理方法 GTD（Getting Things Done）的創立者 David Allen 曾說過，如果不是 100% 使用 GTD 系統，不如不要用。因為半調子的方法，反而可能更混亂，造成更大壓力。

GTD 要求使用者徹底清空大腦，把腦中所有的雜物，放入一個統一的管理系統中，並且做好專案的分類、目標的設定、行動的拆解。

但是如果我們沒有去實踐那個完整系統，還是一部分的行動在清單上，一部分的行動在腦袋中，甚至還有很多散落的行動在郵件、即時通、筆記本裡。其中一部分的任務還沒有做好分類，很多目標還沒拆解。那麼，這麼混亂而缺乏系統的流程，只能單純依靠意志力或聰明才智去執行，要不回到混亂，都很難！

另一位在家居收納領域十分知名的整理女王近藤麻理惠，著有《怦然心動的人生整理魔法》，她也說過類似的話，她說：只要徹底完成一次整理，就很難恢復混亂的狀態。但是，大多數人其實從來沒有完成過一次徹底的整理。

我們的整理，常常只是在解決眼前問題，頭痛醫頭、腳痛醫腳。只是把眼前的雜亂整理清楚，例如看到書桌亂，就把桌

上的東西收到書桌抽屜，眼前看起來是乾淨了，但是這些東西真的都應該放在書桌抽屜嗎？裡面有些修理工具是不是應該統一放到客廳工具箱？有些用完的筆記本有沒有設定好他們應該歸類的位置？

如果只是整理眼前的東西，那麼當新的東西出現後，因為沒有系統，東西沒有決定他們應該擺放的位置，於是就會繼續累積多餘的東西，更多東西開始恢復更多雜亂，最後只好又在混亂中重新整理一次，日復一日。

但是如果我們有建立「一套系統」，就可以很大程度避免恢復混亂的問題。

不要只是看到床上有點亂，就把床上的衣服塞進衣櫃收好。看到衣櫃有點亂，就把衣服排整齊而已。這些都只是解決眼前問題，而非建立一套系統。

什麼是建立一套系統，以近藤麻里惠的家居整理來看，就是把所有東西拿出來，一個一個決定他們的去留，把不心動的東西去掉，留下的東西則要決定一個固定的整理位置。例如把家裡所有衣服拿出來，一次丟掉所有不要的衣服，接著根據自己的分類為每一種衣服決定好位置，這樣一來，衣服的系統就建立起來了。

　　只要做一次這樣徹底的整理，那麼接下來有新的衣服想買了，我們就可以透過自己的系統，知道自己是否需要這樣的衣服，如果買了又應該擺放到哪個固定的位置。即使偶爾亂放一件衣服，也很快可以知道這件衣服應該回歸到哪個位置。而且也會明確知道自己工作、約會、出遊可以有哪些衣服選擇？喜愛哪些衣服？以及這些衣服在哪裡？

　　這都是因為有了系統，以及建立了一個 100% 徹底的系統，才能把各種雜亂的問題，輕鬆的迎刃而解。無論是家居整理，還是時間管理，都是一樣的道理。

　　所以，回到我們一開始的提問：「為什麼嘗試了各種時間管理方法都無效呢？」

因為不是方法的問題，不是天性的問題，而是我們沒有去建立系統。

1-2 建立系統，看似困難但其實最簡單

但是問題來了，如果一定要建立系統才能做出有效的時間管理，那是不是反而更難做到？會不會根本就是不可能任務呢？

確實，要建立系統，好像就不是列的行動清單那麼簡單，看起來好像真的困難一點。但實際上，系統之間環環相扣，這個意思並非只是要顧及每一個環節，而是說，系統本身就是一個頭尾相連的流程，必須先把第一步做好，然後逐步推進，整個系統才會完成，最終的成果才會實現。

相對來說，也就是做好第一步，自然就更容易推進下一步，然後愈來愈容易，最後價值的實現也能真正落實。

以為是捷徑，其實是陷阱

建立系統看似不是捷徑，但才是達成目標最有效的方法。

反而是如果我們不顧系統，直接從裡面某一步跳著做，這樣一來因為沒有前面步驟的支援，反而要做好這一步更難、更花時間，而且就算好不容易做好其中一步後，也缺乏繼續達到最終成果的資源。

例如在養成早起習慣的過程中，我們想說既然要早起，那就直接設定一個鬧鐘，每天早上六點起床就好啦！如果這樣做，結果會怎麼樣呢？

很可能每天早上鬧鐘六點響起，我們依然覺得沒睡飽，忍不住按掉鬧鐘繼續賴床。然後每天重複這個設定鬧鐘、鬧鐘響了按掉、後悔自己又賴床的惡性循環。

你會發現，跳著去做其中一步，以為是捷徑，但結果反而是陷阱！

為什麼會這樣呢？因為行動跟行動之間其實彼此連結，才構成一個能夠確實達成任務、目標的流程。

以早起為例，設定早起鬧鐘其實只是整個流程的行動之一，而從整個系統來看，「早起前」需要的是一個充足睡眠的支援

系統,以及「早起後」需要一個有趣的目標支援系統。所以如果想要養成早起習慣,只是設定一個早起鬧鐘,當然很容易就失敗。

那麼應該怎麼做呢?我們必須把系統建立起來。為了要在設定鬧鐘的時間有充足睡眠,需要提早入睡,為了提早入睡需要做好寢室環境改善,以及重新調整自己的工作安排流程。然後為了要在鬧鐘響起後有值得起床的行動,我們要開始設定早上的目標,或許是晨跑,或許是做早餐,但因此我們可能也要前一天晚上提早做好跑步器材、早餐食材的準備。而為了讓晚上有更多時間,我們又回到必須更有效地排定工作流程,減少加班,更高效率完成工作。

> **你會發現很有趣的一點是,其實任何真正的改變,即使只是早起,都牽涉到一整個生活的改變,也就是系統的改變。**

系統的改變才確實,系統的改變也才能帶來真正的價值。雖然這可能真的要多花上一些時間。

困難但也最容易做到

不過，這裡所謂的多花一點時間，並不是說這件事情很難做到，而是我們需要時間養成習慣。

建立系統，其實就是在改造自己的習慣流程，習慣與流程改變了，我們想要的改變才會發生。

而要改變習慣，當然也看似困難，不過倒是有兩個好消息。

第一個好消息是，所謂的習慣，就是只要我們想做，就可以立刻做到。因為習慣只是流程的改變、步驟的改變，不是要我們另外去學會自己原本不會的事情，而是改變自己一系列的作法，都是自己原本會做的，只要改變順序，或是加入幾個步驟即可。所以習慣的困難，不在行動上很難，而在心態、價值觀上沒有轉變。

但我們前面也有提到，當我們誤以為是自己的心態、價值觀上無法改變時，往往真正的問題只是我們以為要依靠心態、價值觀才行，但其實只要改變系統、改變流程與步驟即可。

所以第二個好消息時，所謂的習慣，其實不一定要依靠多堅強的意志力去執行，反而應該先明確自己在習慣循環中的每一個步驟，重新調整系統，設定好新系統的流程、步驟，拆解

出相對簡單易行的下一步行動，然後用前一個步驟推動下一個步驟，讓整個系統的環圈運作起來。

> **我們覺得改變習慣很難，那是因為我們只改變其中一小步，但如果去改變整個系統，反而事情變得相對簡單。**

　　然後，當這個行動迴圈可以開始推進，習慣就會逐步建立，而當習慣累積一段時間後，系統就會更加穩固。

　　而當系統建立完成，雖然人性的弱點總會一一再現，如意志力薄弱、常常失去動力、容易焦慮等問題。或是工作上的意外、繁瑣依然形影不離。但只要我們擁有系統，那麼就像衣服更容易找到她的位置，充足睡眠更容易幫助我們起床，雖然不一定就能百分之百實現目標，但也可以幫助我們持續保持走在目標的路上，繼續往前推進。

1-3 子彈任務系統想要達成的三個目標

做任何事情之前，我們總要先確認自己到底想要達成什麼樣的具體目標？這其實也是建立系統的一部分，系統中的每一個動作每一個連結，都朝著一個或幾個我們設定的目標前進，透過系統的力量來完成那個最終的價值。

所以第一步，無論做什麼事情，我們總應該先設定清楚自己實際想要達成的目標到底是什麼？

那麼在這本書裡，要跟大家介紹的這套任務管理系統，我想要達成什麼樣的目標呢？我有三個想要達成的目的：

● **第一個目標：我希望能夠建立一套幫助大腦減壓的系統**

● **第二個目標：我希望建立一個只需要專注當下下一步行動的**

系統

● 第三個目標：我希望建立一個聚焦目標前進的系統

下面讓我更進一步的為大家一一來做解說。

建立一個可以讓大腦減壓的系統

在 GTD 的時間管理系統中也提到，第一步就是要我們清空大腦。

工作生活中，會有很多雜亂的任務，每個任務會有很多瑣碎的行動，如果想要用大腦來管理這些雜事，那麼最後很難不再重複的陷入混亂中，因為人的大腦或許很適合做決策，卻不適合來做這麼龐大複雜的記憶與整理。

但是就如同前面所說，我們常常犯了一個錯誤，不想依靠系統，而誤以為只能依靠自己。

我們把雜事放進大腦裡面去記憶、去管理，結果大腦常常漏掉其中某些關鍵的細節，做事常常搞錯重要的順序，於是我

們的工作產生了更多混亂，更多的混亂帶來了更多的焦慮，更多的焦慮創造了更大的壓力，於是我們覺得工作是永遠忙不完，眼前總是充滿了一個一個的困難大阻礙。

然後這樣的混亂，其實是源自於我們沒有一套系統來做管理。沒有一個系統幫助我們把大腦裡的混亂，重新歸位到不再混亂的地方。

把這樣的混亂壓力交給我們的大腦，但大腦並沒有辦法把混亂狀態理清楚，於是壓力反而越來越大，最終造成工作上充滿挫折、沒有動力，事情也沒辦法如期完成的困境！

而且這裡說的，是要把大腦所有的煩惱、雜事、壓力，全部都放入系統中，任何一點都不要留在大腦裡，就像前面所說的 100% 系統。不會是有些重要事情在待辦清單上，然後有些小事、雜事，以為用自己的大腦就可以管理好。千萬不要這樣做！也不要這樣想！因為這樣子依然會再重複的陷入大腦遺忘、搞錯、混亂的循環當中，我們必須要徹底的去執行系統的流程，才能真正創造一個大腦減壓的系統。

而這個系統，也應該要可以承載所有我需要從大腦移出來

的東西：要做哪些事？需要哪些資料？細節是什麼？我的想法
是什麼？

　　而這是我想創造的時間管理系統的第一個價值目標，利用
系統，來幫助大腦減壓。

建立一個可以專注下一步行動的系統

　　系統裡的每一個行動環環相扣，系統的價值跟價值之間其
實也環環相扣。

　　工作混亂、有很多意外、專案有很多變動，累積著許多別
人交代給我做，而我還沒有做的雜事，這個現況本身，就算做
好了整理，那些還沒做的事，依然還沒做，這樣子真的有辦法
達到一個專注、快樂、有動力，又輕鬆的時間管理方法嗎？

　　我們常常誤以為時間管理方法是要我們：「把所有的事情
全部都做完。」因為我們誤以為要把所有的事情全部都做完，
我們才會覺得滿足、才會覺得快樂、才會覺得輕鬆、才會覺得
沒有壓力，但事實上並非如此。

　　從一個反向的角度來思考，當你完全無事可做的時候，你

真的覺得自己是輕鬆沒有壓力的嗎？

仔細想想，這時候你反而會覺得空虛，覺得更加缺乏動力，不知道自己應該採取怎麼樣的下一步行動，不知道自己接下來可以去創造什麼樣的價值。我們會發現，所有的事情都做完，其實不是真正有效的無壓狀態。

那什麼是真正有效的無壓狀態呢？並不是感覺到自己完全不需要再去做任何事情了，真正的無壓狀態，其實只要能很明確的知道自己現在應該做什麼事情、應該以什麼樣的行動為優先。

當這樣的心態產生了，那麼即使還有很多沒有完成的事情，即使跑出來很多意外的雜事，其實我們依然可以專注，而專注就會幫助我們依然會感到自在與滿足，並且幫助我們真正在持續推動任務。

關鍵就是，我們不需要擔心其他事，因為其他事情已經都在系統中，並且更進一步的，系統還可以幫我做出篩選，讓我知道自己這個當下最佳的行動是什麼。對下一步行動有明確的認知，就能有勇氣去選擇那一個最佳行動，而執行最佳行動的

過程本身，才是真正快樂的來源。

　　因為在這個當下，我知道自己正在做一個自己需要去做的行動，並且知道這個行動可以創造什麼成果，而且知道這是我這個當下最好的選擇。其實只要能夠明確這件事情，那麼就可以稱之為一個有效的時間管理系統。

　　這裡的關鍵就是，我們必須依賴系統的流程，來幫助我們在每一個當下，都能很輕鬆的選擇出這個當下的最佳下一步行動。

　　不是等到時間到了，才從混亂的腦袋、心情裡面去挑選行動。不是等到時間到了，要從雜亂的工作清單裡面去挑選行動。不能夠這樣做，而是要讓系統幫助我們作出選擇。

　　這個系統應該可以層層過濾各種雜事，並且最終在每一個當下，幫我自動過濾篩選出那個最佳下一步行動。

當然這個系統也是我們所建立的，就好像我們建立了一套自動化的生產流程，我們構思好他的邏輯，我們建構出他的生產線，讓我們的雜事放進去後，在裡面不斷的加工生產，直到我們需要的那一刻，我們需要的那一個產品，也就是這個當下最佳的下一步行動，就會出現在我們的眼前。

我們去選擇這個當下最佳的下一步行動，就能獲得時間管理的快樂。

這是我希望自己的系統可以達到的第二個價值目標，利用系統，找到每一刻專注的下一步行動。

建立一個可以聚焦在創造價值的系統

我們常常在時間管理上做的行動，都是在逼自己工作。

我們以為自己不會時間管理，所以逼自己去時間管理。我們以為自己沒有效率，所以就逼自己花更多時間做更多事情。但是在這樣逼迫自己的情況下，我們並沒有產生真正的意志力，也沒有產生真正的熱情，事實上那些逼迫自己的時間並沒有帶來多高的生產力，反而帶來的是更多的後悔和自責。

關鍵就在於，時間管理並非英雄主義，不需要成為一個有超能力的超級英雄，需要的是背後一個有效的支援系統，用這個系統來推動我們，持續的去專注在某個重要的專案上面。

利用這個系統，讓我們保持在某種有生產力的狀態，讓這個系統幫助自己逐步的去累積、創造屬於自己的成就。

雖然我缺乏意志力，但是我不需要依靠自己，為自己開個系統，來幫助我不想做很多事情的時候，還是可以採取一些簡單有進度的行動。幫助我想要拖延的時候，還是會去創造一些小的成果。然後這個系統利用這些小小的成果，去逐步建構我的信心，逐步的把困難的專案慢慢變得簡單，把不可能的目標慢慢的朝著有可能被實現的結果前進。

雖然我對大多數事情都缺乏熱情，但是我或許需要的不是那種天生的熱情，我需要的同樣是一個支援的系統，這個系統會讓我在做各種事情的時候，感受到來自於自己選擇的快樂，可以讓我在做很多嘗試的時候，享受改變、成長的幸福。

我不一定要是一個天生對某件事情有著非常狂熱、執迷、熱情的人，然後我才能把那件事情實現。

我需要的只是透過系統，幫助我樂意開始採取行動、練習小改變，而這些行動本身，就幫助我們可以成為一個不斷成長、不斷推進目標的人。

　　這就是我想要建立的系統所要達到的第三個價值目標，利用系統，讓我們成為一個對自己的人生有熱情的人，為人生去推動一些行動，為人生去嘗試一些改變。

快、狠、準的任務管理系統

　　由瑞德.卡洛所發明的子彈筆記法，常常使用快、狠、準當作他的效果說明。

　　這本書中，我參考了子彈筆記術、GTD 等時間管理方法，並經過自己多年的實踐、改造，加上運用到 Evernote 中的改良，最終成為這本書裡的系統架構。

　　而上面三個系統帶來的好處，其實也可以對應到快、狠、準的解釋：

- 快，就是讓大腦減壓，用系統幫助自己更快完成工作。

- 狠，就是專注下一步行動，勇敢去做最佳選擇，可以創造快樂。

- 準，就是聚焦在創造價值，把有限精力、時間，投資在最準確的成果上。

而這個系統，就像子彈一樣，幫助我們可以完成戰略、擊中目標、奪下勝利。

請你也為自己的時間管理系統，先設定好最終價值

最後要特別說明的是，你也可以為自己想要建立的時間管理系統，設定好你想要追求的目標與價值，而且當然可以跟我不一樣。

你可以照著我的思考邏輯去做設定，然後去追求你真正想要達到的不同目的。

　　建立系統很重要，建立系統的流程步驟是我這本書想要跟大家分享的核心，但根據我們設定的目標不同，在同樣的步驟下，有可能我們也會打造出相異的系統，不過沒關係，因為那反而會是對你來說，最能操作，最能創造成果的時間管理系統。

　　所以，第一步，你應該自己問自己，先設定好：

你希望自己的時間管理系統，為自己帶來什麼樣的價值？

第二章

應該建立怎麼樣的任務管理系統？

2-1 以少馭多，建立你能夠駕馭的系統

經過前面步驟，我們設定好要建造的系統的最終目標。

接下來，我們就根據這些目標，來設計這個系統應該具備哪些功能。這樣一來，最後就將這些功能一一實現，就能打造出一套流程，這套流程就是我們這本書所要建立的任務管理系統了。

所以接下來我們要問自己，我需要的時間管理系統，要具體解決哪些問題？他的正確流程是什麼？應該具備哪些功能呢？

這個順序，其實也是我們在實現各種目標、專案、一個有價值任務的時候，應該遵循的順序。

我們不是埋頭到一大堆雜亂的事情中去苦幹，這樣雖然也能可能解決一些問題，但會花上許多時間、浪費很多精力，甚至很有可能走錯方向，導致最後感覺自己在瞎忙。

這個順序非常重要：

- 第一步，永遠都是先設定好自己到底想要達成什麼目標。

- 然後根據目標，進一步設定我們需要什麼樣的功能，或是需要完成哪些階段性成果。

- 然後我們才開始安排我們的行動，去把這些功能、成果逐步的實現。

這樣一來，我們才不會陷入雜亂中，最後我們就可以達成或趨近我們想要的，即使可能遭遇什麼重大意外失敗，起碼我們會明確知道自己做了什麼，怎麼失敗的。

為什麼我們做的待辦清單總是最後失效？

那麼針對這本書想要完成的子彈任務管理系統，我們第一個要打造的功能是什麼呢？

我的設定是，第一個要達到的功能是一個可以「以少馭多、以簡馭繁的系統。」

什麼是以少馭多呢？讓我先從下面這個例子來解釋，我們先來看看，一般的待辦清單管理方式，可能面臨什麼樣的問題，導致最後我們獲得的是一個雜亂、失誤、做不到的清單呢？

我們可能平常會這樣做，整理待辦清單的時候，很自然的會把日常當中隨時出現的、需要去做的行動，一一的列在待辦清單上。但是，這正是問題所在！

什麼？你會說難道不是要這樣子嗎？待辦清單不就是把準備要做的事情全部寫上去嗎？這樣的方法有什麼問題呢？Esor 不是說要清空大腦，我們就是在清空大腦，把所有雜事寫到待辦清單啊？

但是，這樣做的方法的問題就在於，我們還是停留在管理那些工作、生活中不斷出現的雜事的狀態。我們在一件一件雜亂的事情上去做管理，在一堆混亂的狀態中去做管理，雜亂依然混亂，怎麼能夠進入高效率的狀態呢？

　　這樣的待辦清單，就算我這個當下暫時先把混亂的雜項事物列得整齊了，只要新的雜事出現，只要新的意外加入，那麼這個整齊狀態，就會很快的再回到混亂的狀態。

　　這就好像在家裡打掃的時候，只把書桌上那些散落的文具、文件，雜物，全部都先塞進抽屜裡，把丟在床上的衣服，找最近的櫃子、衣櫃全部塞進去，讓眼前看起來好像是恢復整齊的樣子。但是我們都知道，我只是把一堆垃圾，原封不動的擺到另外一個暫時看不到的地方而已。

　　雜亂還是雜亂，垃圾還是垃圾，一樣缺乏系統。

　　於是我們才會發現，書桌、臥室很快的在一兩天之內就恢復雜亂，我要用什麼文具找不到，新加入的文件繼續堆積在書桌上，每天回家之後脫下來的衣服，沒有一個簡單固定的擺放位置，繼續先放在床上、椅子上，很快的床上、椅子上也恢復

混亂的狀態。我們開始感覺，自己一直在整理，但整理永遠只有當下的效果，而且很快就會恢復雜亂。

> **這不是整理的問題，而是我們只是在整理雜物，而不是在整理系統。**

這也就是時間管理上，單純列出待辦清單會遇到的問題。

或許我們做到把雜事移出大腦，但是我們沒有先建立系統來安放這些雜事，來判斷這些雜事應該放入什麼位置中。

於是，一堆雜事只是從大腦的混亂狀態，原封不動的移到一個外在的清單上，但是依然是混亂的狀態。

這樣確實可以減輕一些大腦的壓力，但還不是我這邊想要追求的真正的大腦減壓！

因為這樣做，只會讓我們回頭去面對那份待辦清單的時候，依然是充滿壓力，依然是混亂和焦慮，而且就像書桌的整理一樣，當事情不斷的湧現出來，待辦清單一定很快的就會進入更雜亂的狀態。

我們優先管理專案，而非陷入清單中

仔細的回想看看，這是不是我們自己在現在的時間管理方法上，常常遭遇到的問題呢？

這時候我們需要建立的是一套以少馭多的系統，我們不要在那一群混亂的雜事上面去執行，而是把他們先歸結到、關聯到、聚焦到那些最終的專案目標上來做整理。

如果雜事有一百件，經過這樣的整理後，會發現他們其實關聯到三個專案、目標。

我們可以在系統中把這個脈絡理清楚，最終我們就只要在三件事情上面進行掌控即可，也就是那三個專案目標，只要管理好這三件事情，那麼，那下面關聯的那一百件雜事，自然也就管理好了。

你說，是不是這樣呢？

而這樣的管理系統，將會讓你變得更加輕鬆，變得更加聚焦，同時也變得更加有效率。

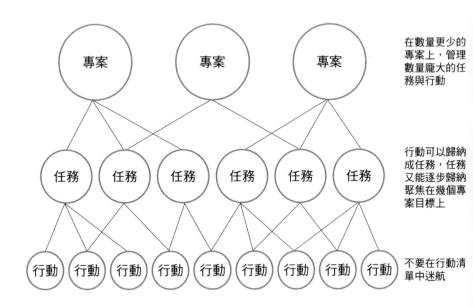

案例：一個以少馭多的系統

讓我來快速展示一下這個系統最終完成的效果。

說個真實發生的故事，之前我和老婆遇過一個情況，某一個月，我們剛好遇到月中要搬家，月底要出國自助旅行，加上我和老婆都是上班族，還有許多工作上的事情要處理。那時候，我們都覺得很焦慮，因為每天感覺都有忙不完的事情，以及不斷跑出來的新任務。

如果我們只是任由事情不斷跑出來，那我們的任務清單面對的是一個一個雜事，這些雜事之間有些是相關的，也些是不相關的，有些有前後順序，各自有不同的輕重緩急。

但是他們原本的狀態是混亂的，而這樣的混亂，其實會讓我們沒辦法做出最正確、最高效率的選擇。也根本無法做出判斷。

於是那時候，我們找了一個週末，兩個人一起坐下來，把我們必須在這個月解決的最重要專案列出來，對我們兩人來說，共同的必要專案是：搬家、自助旅行。然後我們也有各自工作上的必要專案，可能是一個課程，或是一個產品開發。

確定好了專案後，我和老婆開始把目前累積的所有待辦事

項，不是排行動清單，而是先排入專案當中。

● 這件事情是搬家、自助旅行，還是產品開發專案的事情？

● 然後把相關的事放在一起、把事情的前後順序理清楚

● 發現有些事情不在這些主要專案上，那就是可以稍緩的事情

最後根據這個月剩餘的有限時間，決定主要專案上的哪些主要事情，應該優先實現？

經過這樣的歸納步驟，最後我們非常明確的知道，那個月，我們就是聚焦在那少數幾個專案上，而少數專案中又有哪些步驟是一定要完成的，哪些是可以捨棄的。最後，那個月我們真的把搬家、旅行專案都完成，也各自完成工作上的重要專案。

其實說穿了，這是一個很簡單的步驟，但如果仔細想想看我們原本的時間管理方法，可能根本沒有做這個步驟。

我們可能以為事情已經不斷跑出來，多到做不

完，趕快有什麼做什麼，哪裡還有時間先從專案開始整理呢？但這就像是我在第一章所說的，以為要建立系統很麻煩，卻沒有發現，系統才是真正有效的捷徑。

如果我們只是在拚命把所有事情都排上待辦清單，那麼這其中會有很多步驟可能是重複的，於是我們就會多花許多時間做重複工。這其中也可能有很多事情有先後次序，於是我們可能很多時間被忘了先做某個步驟而卡住。我們更不知道，其中哪些步驟是必要的？哪些步驟是可以延後的？

而這些判斷，無法在底層的待辦清單上做判斷，而要在「專案目標」的高度做判斷。

所以雖然把雜事逐一歸納到專案上，看起來要花時間，但這樣的系統建立起來，最終卻會節省我們更多時間。

我們還可以搭配一些工具與方法，讓把雜事歸納到專案上，變成一個相對輕鬆、省時間的步驟，這就是我們對任務管理系

統的第一個功能要求。

最後我來整理一下，以少馭多，我們需要系統具備下面的功能：

● 可以快速收集各種要做的事。

● 可以建立一套整理系統，把事情慢慢過濾、分類成專案。

● 可以從專案的視野，去管理所有雜事。

2-2　行動關聯、任務拆解、專案整合的系統

　　要建立一個以少馭多的專案管理系統，那麼在邏輯上，我會建議嘗試區分行動、任務、專案三個層級，了解不同層級的特性，以及他們必須解決的問題。

　　讓我繼續為大家一一解釋。

行動：往往跟其他行動關聯

　　只會列出待辦清單，最容易出現的問題，就是行動常常不是單一的，行動往往會跟其他行動關聯。

如果一個行動是做完一次就好，結束後跟其他行動不相關，那他通常是不重要的行動。

　　什麼是只做一次的行動呢？例如開會時要列印一份資料，過節時要寄給客戶禮品，或者是今天回家記得買菜。這些行動只做一次，然後就完成了，我們就刪掉了，但這樣劃掉就結束的行動，即使一天累積了很多完成，但真的有提升我們的幸福感嗎？還是我們更可能覺得自己好像做了很多，但依然覺得空虛？

　　行動完成就劃掉，背後也沒有關聯到其他行動，這個就是單一次的行動。這種行動做完了，沒有辦法在未來繼續為我延伸出更多價值，或是慢慢累積成為某個更大的成果。那麼，這種行動應該要少作為好。因為這就是我們常常覺得自己瞎忙的原因：都是在做一些單一的行動。

　　但是，這裡有一個非常重要的關鍵，那就是大多數行動我們誤以為它是單一的，好像做完就結束了，但真的是這樣嗎？

　　還是說，其實他是跟其他事情互相關聯的，只是有時候，或者說大多時候，是我們自己沒有發現行動與行動之間的關聯，導致自己做事情都是斷裂的？

其實，大多數行動都是有所關聯的，只是我們都是斷裂的處理他們，導致行動的價值、效率都降低。而這是時間管理系統必須解決的問題，也就是幫行動建立關聯。

　　有時候行動明明跟其他行動有關聯，我忽略了去串聯他們，於是總會搞得自己一團混亂。例如前面舉例的那幾件事情，列印開會需要的資料，看起來好像是一個單一的行動？但說不定我是這次會議的主持人，我是要列印自己準備好的會議議程，我希望議程清楚明確，讓會議更順暢。或者，我是這次會議的報告人，我想在列印的報告上花一些巧思，讓我的主管、同事或者是客戶，因此對我印象深刻。

　　這時候，你應該會發現，「列印開會資料」不再僅僅只是單一一次的行動，而是和其他行動相關，並且這些行動有先後次序，這些行動背後關聯到一個很重要的目標，我必須要把這些搞清楚，那麼這個「列印開會資料」的行動才能幫我創造更大的價值。

　　如果說這個列印資料的行動，是要列印我的會議報告，背後的目標其實跟我想要在客戶、主管面前留下好印象相關。那

麼，單獨針對列印資料這件事情，我是不是可以去思考：

我怎麼樣把報告列印的更漂亮？

是不是要找專業影印店？

有沒有需要加個封面？

用什麼在紙張與字體看起來最舒服？

你會發現，原本我們不經意的單一行動，當我們嘗試去跟其他行動相關聯，找出這些行動背後的目標，那麼我會把這個行動做得更好，並且在這個行動中真正創造成果，而非只是完成就好。

或者剛才舉的那個回家買菜的例子，我也有一個小故事。

在某一次我舉辦的的 Evernote 子彈筆記方法課程，課後有同學主動寄了回饋心得給我，裡面他提到，當他上完課回去之後，她開始思考「自己每天下班都要買菜」的行動，對自己來說一直把它當成一件很煩的瑣事，但是這個行動背後，有沒有跟其他更有價值的行動相關聯呢？

　　或許就像 Esor 所說，去把很多行動關聯在一起，讓這些原本看似平淡、無聊、瑣碎的事情，最後串聯出一個對自己來講很有價值的目標，這是可能的嗎？當他這樣思考的時候，他發現既然他每天都必須買菜，那麼與其平淡無奇的買菜，不如幫自己設定一個目標，這個目標叫做「幫助家人嘗試健康又美味的蔬食晚餐」。

　　於是，買菜這個單一行動，開始跟某個更有價值的目標串聯，並衍伸更多有意義的行動。比如說，去研究一下哪些食材營養又新鮮？怎麼樣可以把這些食材料理得更加美味？蔬食可以變化出哪些每週食譜？是否需要哪些特殊設備？

　　當這樣開始串聯之後，他發現每天下班買菜，變成一件有趣的事情，並且也變成一件有價值的事情，而且也變成一件有變化的事情，因為每天可以購買不同食材，嘗試不同挑戰。

　　透過系統，幫助行動與行動之間產生關連，對我們來說，非常有幫助，也是時間管理必須肩負的功能。

　　如果可以把行動串聯起來，讓一個行動，除了本身完成，還可以為下一個行動或其他行動累積價值，那麼這個意思就是，在那個時間裡，同樣的

行動量，卻累積了加倍或數倍的結果。

買了菜，一方面解決今天晚餐，一方面研究蔬食料哩，一方面又讓家人更健康。列印一份資料，一來滿足開會需要，二來呈現自己效率，三來讓客戶、主管留下印象。

為什麼不這樣來管理行動呢？

任務，通常需要拆解成行動

我們在待辦清單上面常常會犯兩種毛病，第一種毛病，就是前一小節所說，我們有什麼行動就列什麼行動，彼此相關的行動明明是同一個專案的行動，在待辦清單上卻散落在不同的地方。

這就好像家裡完全沒有任何固定的物品定位，哪些可以塞就放哪裡，雖然外表看似整理，但是卻會常常找不到自己需要的東西。同樣的，在時間管理中，行動彼此不相關，要怎麼有效地找到我們真正需要的行動呢？這是第一個毛病。

而我們會在待辦清單上犯的第二個毛病，就是我們在待辦清單上列的，不是一個當下真正可以執行的行動。

什麼是待辦清單？就是我們希望當想要知道自己該做什麼事情的時候，打開待辦清單，就能夠知道現在可以做什麼事情。

但是我們卻常常在自己的待辦清單上，列出我們當下根本就不可能去做的事情，於是導致待辦清單上的事情一直拖延，待辦清單變成痛苦的做不到清單。

這是什麼意思呢？這個意思就是我們常常列的不是「真正當下可做的行動」，而是一個很多行動構成的「任務」，但是任務，不應該列在每日的待辦清單上。

有些事情很困難，不可能一次完成的，比如說「寫一篇文章」，這是一個任務，而我們很難在一個小時、兩個小時的時間裡面，就把一篇文章寫好、寫完。為什麼？因為要寫好一篇文章，需要很多個行動，有些行動還有前後影響：

● 可能我要先想清楚我的題目。

- 可能要先設定好我想解決的問題。

- 我應該需要去收集一些資料。

- 我可能要思考一下自己的經驗,做一些分析跟反省。

- 我可能還需要列出大綱,確定什麼要寫?什麼不需要寫?

- 說不定我還需要寫一些草稿,然後再慢慢修正。

你會發現,像這樣的一個「任務」,要完成其實有非常多個「行動」,必須要分次的完成一個一個行動,而沒辦法或很難一次把所有行動都做完。

但是,我們卻常常把這樣的任務,直接寫在待辦清單,而不是任務底下那些必須要一一去執行的行動。

當我們把「寫一篇文章」這樣的任務放在待辦清單的時候,會發生什麼狀況呢?

讓我來模擬一下:我有一個小時的空檔,想說現在可以來做什麼事情呢,我看到上面有件事情叫做寫一篇文章,我心裡就想,好像空擋沒有那麼多?不足以寫完一篇文章,下次再做好了!

　　或者，我真的想要開始寫一篇文章了，但是我該做什麼呢？待辦清單上好像並不清楚，看不出來我具體應該採取什麼行動。「寫篇文章」，是這個任務最終想要達成的成果，但是具體應該採取什麼步驟呢？我覺得非常困惑，於是我就想，那麼乾脆下一次再做好了。

　　所以一方面，我們要把相關的行動關聯在一起，他們可會構成一個任務。但是反過來說，當我們想到的是一個任務的時候，我們應該要具體的去拆解出真正可以執行的具體行動。

把任務裡面的一步步具體行動拆解出來，我才能知道什麼事情真正應該列在待辦清單，並且在看到待辦清單時，真正明確的知道自己要做什麼。

　　所以我們需要一個系統，這個系統的功能必須要可以幫助我們去拆解任務的行動。

專案，需要把任務與行動整合成次序

第三個系統的必備功能，就是必須要擁有一個可以把各種行動、任務，甚至是專案相關資料，都整合在一起的專案系統。

這也就是前面 2-1 提到的，用專案的角度來思考，把行動、任務，最終聚焦成一個一個專案。這會帶來三個好處：

● 放下焦慮。

● 排出順序。

● 專準選擇。

專案系統要幫助我們放下焦慮，因為所有的東西都在他們該在的位子上。

當所有的行動關聯成一個一個的任務，當任務組合成一個一個專案，建立起一套以少馭多的流程後，也表示，我們所有應該處理的東西，都已經在系統中，甚至都已經在系統中正確

的位置上了。

如果可以有這樣的系統，那麼我們就可以跟自己的大腦說：不用再焦慮那些還沒實現的，不用怕忘記那些需要記住的，不用想東想西，反正照著系統做，就是這個當下最好的選擇。

這樣的系統，就是可以支援我們，讓我們安心，幫助我們循序漸進的系統。

專案系統還要幫助我們排出順序，決定哪些可以一起做，決定哪些能夠稍後做。

有時候，相關聯的行動如果可以同時一起執行，那麼可以省下許多來回切換工作的時間。

有時候，我們必須確認好哪些可以先做，哪些需要稍後做，才不會在一些明明後面做也可以的步驟上卡關，同樣浪費時間。

舉個故事，之前有一次，老婆和我想要出國自助旅行，我們就很簡單的把第一個想到的行動列入待辦清單：訂國外旅館。

但是這個行動擺在待辦清單上面好幾天，我們每天都看到，

每天都說要做，但每到晚上我們總是摸東摸西，一直拖延這個行動。你覺得為什麼呢？

其實有一個關鍵原因，那就是在「訂國外旅館」這個行動之前，其實還有許多行動要做，像是我們要先決定旅行請假日期、要先設定好每一天的主要目的地、要先設定好預算，這樣我們才能知道自己要訂什麼時間、什麼地點、什麼類型的旅館。

如果前面的行動沒有先做，後面的行動就會看起來「很難」。因為沒有前置準備，根本不可能完成後面行動。

專案系統要能幫助我們做出專準選擇，而不是胡亂選擇，甚至無法選擇。

時間管理的核心目標，不是一個把所有事情都做完的系統，因為本質上我們不可能把所有事情都做完，我們想做、要做的事情，永遠多於我們可以做的時間。

所以我們必須做出選擇，但選擇不會是自由心證的選擇，而是要依賴系統，在行動的關聯、任務的拆解、專案的整合中，我們將會知道自己可以選擇的最佳實踐在哪裡。

2-3 主動提示什麼時候不要漏做什麼事情的系統

　　前面談完了我們要建立一個可以區分行動、任務、專案，並將其逐不整合的時間管理系統。接下來，我們還需要的時間管理系統功能有哪些呢？

　　更進一步的，我們需要一套不要遺漏的系統。

什麼是不要遺漏？就是這個系統它會告訴我們什麼時候該做什麼事情，哪個時間、哪個環節，有哪些是一定要做到不能漏掉的，系統都可以一一告訴我。

關鍵就是，這些東西絕對不能靠你的大腦告訴你，依靠大腦最後的結果就是漏東漏西，所以必須讓系統來告訴我，而且是讓系統主動的告訴我。

那麼，要怎麼打造出一個會主動告訴我不要遺漏什麼的系統呢？

如果這個系統只是把所有的事情存進來，就算把所有的事情都做好分類，還是遠遠不夠的，因為儲存好的東西，不代表一定會在正確的時間、地點使用它！

我們想想看自己的家居整理就知道了！那些收納得好好的東西，很多時候反而變成永遠不會拿出來用的東西。遇到真的需要什麼東西的時候，如果沒有系統主動提示我，我一定會忘記可以使用那個東西。

例如今天要去參加宴會，今天穿什麼衣服最好呢？其實我有一件宴會衣服，正好適合今天需要的宴會情境，但如果系統沒辦法主動提示我這件事情，那麼通常我也會忘記自己原來有那件宴會衣服，沒辦法好好利用這個自己的資源。

所以，我們需要的是一個具有主動性的系統，可以主動告訴我們：別忘了這個當下該做什麼。這樣才會是一個真正有效的不遺漏系統。

我們很容易在任務整理時，以為把任務放進系統就夠了，但那樣還不夠，因為我們無法真正在事後自己知道該做什麼任務，而需要系統能夠自己告訴我。

用時間提醒來主動提示

可以主動提示的系統，通常要具備的基本功能，就是時間的提醒。

有些事情現在出現，但他們確實就是未來才要開始做的任務、專案，這時候，系統需要有時間提醒的功能，把事情延後到真正該做一的那一天。

等到那一天到了，時間提醒的功能發揮作用，主動告訴我今天該做什麼。

不過，時間提醒要發揮作用，還有一個關鍵，就是我們必須知道在一個專案裡，哪個任務、哪個行動，相對來說應該在哪個時間點開始啟動？

例如我禮拜五要完成一篇文章，我設定禮拜四提醒我開始寫，這是一個有效的時間提醒嗎？應該不是。

為什麼不是？因為前面也有分析過，寫完一篇文章的任務，有很多個行動必須要完成，前一天的提醒，可能不足以讓我依序把所有行動都完成。所以我可能要設定一個提前一個禮拜的提醒，讓我有足夠的時間，也相對沒有壓力，把這個任務的所有行動逐步完成。

關鍵就是，系統要先能拆解任務，把專案的任務、行動都排清楚，我們就會知道有多少行動要做？需要提前多少時間做？這樣的時間提醒才相對準確。

但是，只有時間提醒功能，對真正有效的時間管理系統來說，遠遠不夠。為什麼呢？讓我們繼續說明下去。

用統一的排程系統來主動提示

大家覺得最好的提醒系統是怎麼樣的系統呢？

讓我們來想想一個簡單的問題：「如果明天出門上班時，需要帶一個東西到公司，今天晚上，你要怎麼設定一個不遺漏的提醒，幫助自己明天一定會帶著那個東西到公司？」

可能設定一個待辦清單上的時間提醒，但有可能提醒時間到了，也看到通知了，但那時候還沒出門上班，心裡就想說，我會記得等等真的要出門上班時帶上，結果卻常常是，真的等到出門時，卻也忘了這件事情！

這是時間提醒的難題，因為時間提醒，常常很難設定到一個非常精準的時間，但不精準的時間提醒，往往變成另一種干擾。

那要怎麼辦呢？或許你會這樣提醒自己，乾脆今天晚上先把要帶上的東西擺在家門口，這樣明天出門時一定要經過門口，就一定會看到那個東西，然後把他帶到公司。

所以，第二個主動提醒的系統功能，其實就是「把行動、任務，放在我需要時一定會經過的地

方」，通常就是那個專案裡的某個位置，當我需要時一定會經過那，就一定會看到他，就會記得採取這個行動。這是一種什麼功能呢？其實就是「排程」功能。

以家居整理來說，如果我希望某一套為了宴會而買的衣服，等到真的要去參加宴會時，一定會記得拿出來穿。最有效的方法，就是把宴會衣服、飾品、鞋子全部集中在一個地方整理，那裏就是宴會專案的專區，只要我參加宴會，就一定會打開那個專區，那麼就一定會看到那件新買的宴會專用衣服了。

時間管理也是同樣的邏輯，在專案中，把專案的每一個任務排出順序，把每一個任務下的行動排出順序，並且行動統整在相關任務中，任務整合到目標專案裡。

這樣一來，我就不用去記住要做什麼行動，不用記住要完成什麼任務。我唯一要記住的，就是我要做什麼專案，就打開那個專案的系統，我就會在裡面看到現在進行到哪個任務，那個任務進行

到哪個步驟，而下一個步驟是什麼。

以工作上來說，像是開會筆記，就需要用排程的方式來整理。

開會討論專案的時候，我們在會議上做筆記，筆記中列出了一些開會決議的待辦事項，我的筆記寫得很好，但我把開會決議的待辦事項，只留在那則開會筆記中。這時候，會發生什麼問題呢？

這時候，你的設想可能是，等到我要執行那個任務的時候，我就會去打開那則會議筆記，去確認一下有沒有漏掉那次開會決議的待辦事項。你認為，這是一個好方法嗎？我相信不是。

我怎麼確保自己下次要執行這個任務的時候，一定會搭配那則會議筆記去查看呢？尤其一個任務，常常開很多次的會議，會有三四則會議筆記，每則會議筆記裡面都有一部分這個任務需要做的行動。

我更無法確保自己未來執行這個任務的時候，會同時把每一則會議筆記都打開，然後能清楚確認到每一個行動，這幾乎是人無法辦到的。就算辦得到，也是很花時間，甚至可以說很浪費時間的。

所以開會筆記裡的待辦事項應該怎麼處理？最佳處理法，就是捨棄開會筆記，而是把開會的待辦事項，直接排程到他所屬的那個任務、專案中的正確位置。前提就是，我們的系統必須如前面所說，建立好一個專案、任務、行動分明的系統。

這時候，我們甚至可以完全忘記這個行動，也不需要設定什麼時間提醒，因為只要我們專注在專案上，跟著排程好的任務、行動一個一個去執行，做完前一個，就會自然看到下一個，做到那個步驟，就會看到該看到的行動就在統一的一個地方，這樣就相對不會遺漏。

就像是出門一定要經過家門口，就會看到擺在家門口要帶出門的東西了。

2-4　知道每一個當下做什麼最有效率的系統

接下來我們要解決的系統問題，就是如何建造一個讓自己當下明確知道，可以選擇去做什麼事情最好的系統。

整理系統相對簡單，設定提醒、排出流程也能做到，那麼最後，我們要面對的將會是「做出選擇」的人性難題。

系統要能幫我們選擇優先權重

首先我們需要的是一個可以排出優先權重的系統。

不過這裡問題就來了，我們當然都知道要先去做重要的事，老實說，所有的時間管理方法都會教你要去做重要的事情！可

是關鍵在於，我們常常遇到的困境是我們不知道什麼是重要的事情？或者是我們很難去判斷什麼是重要的事？

因為，我們總覺得什麼事情看起來都很重要，也因為這樣，我們才容易把所有的事情都排上待辦清單，因為既然選不出哪個最重要，就乾脆想辦法什麼都做。當然，這樣是缺乏效率的。

那麼有沒有辦法利用系統來解決這個問題呢？當然是可以的。

本書一步一步的分析我們想要打造的系統，逐步推演到這裡，其實有一個關鍵的原因，就在於我希望透過前面每一個環節的架構，可以讓系統到這一步時，會幫助我決定什麼才是最重要的事情，而不是讓自己自由心證的決定

怎麼說呢？例如我現在眼前有兩件事情要做，一個是帶小孩去吃早午餐，一個是在家裡加班完成某個讓我很緊張的工作任務，這時候，哪件是重要的事情，應該優先選擇呢？

關鍵就在於，決定重要性的時候，不是在這兩個行動上面去做決定，而是去確認這兩個行動背後關聯著哪一個專案，然後要確認的是那個專案目

標的價值孰輕孰重，這就是依靠系統來選擇與判斷。

當系統中的專案、任務、行動是彼此相關、整合的。

這時候，有可能帶小孩去吃早午餐這個行動，背後關聯著對我來說一個更大的目標，這個目標是我希望能夠跟孩子一起創造更多美好的回憶。那麼這可能就是我當下更重要的行動。雖然工作上還有未完成的事情，但在週末的這個時間，和孩子享受一段親子時光，卻是我系統中明確的目標，於是這時候我知道自己應該怎麼選擇，並且會因為這樣的選擇更開心、更有成就感。

而單單只看行動時，是看不出重要性的，就像這本書一開始也有提到的，有效的時間管理，必須依靠背後的一個支援系統。

要選擇什麼是重要的事情也一樣，如果我們是當下自由心證的挑選，不是猶豫不決，就是很容易誤判真正重要的事情。而當我們無法真正有效地

選擇出重要的事情，無論我們執行什麼樣的時間
管理方法，都無法獲得真正的快樂。

系統要能幫我選擇正確情境做正確的事

我們的系統除了要解決如何挑選重要事情的問題外，我們
的系統也要能夠幫助我們懂得善用各式各樣的空檔，具體來說，
也就是我們的任務管理系統必須要具備「情境判斷」的功能。

什麼是情境判斷的功能呢？就是當各種不同情境
的空檔出現時，系統可以幫助我們挑選出這個情
境最適合採取什麼行動，這樣就可以幫助我們善
用時間管理的最後一哩路，也就是利用那些我們
原本無法好好利用的零碎時間

在時間管理上，我們其實有大量的時間無法善用，我指的

不是那些要用來休息的睡覺時間，我指的也不是那些被要求去開會的時間，更不是那些被強制押著去執行某件事情的時間，甚至我指的也不是那些每天上下班一定要花掉的通勤時間。

在這些時間之外，其實我們還有非常多的零碎空檔可以利用。

這些零碎時間的空檔，隱藏在會議跟會議之間的 20 分鐘，隱藏在回到家準備吃晚餐前的半個小時，隱藏在晚上剛洗好澡之後沒有人打擾的一個小時，或是隱藏在工作跟工作之間、通勤跟通勤之間某些等待的空檔。想想看，這些時間我們通常會怎麼利用呢？

我們會發現，自己通常不會去利用這些空檔時間！

因為通常我們不會在這些時間安排計畫，也沒辦法用時間表安排。所謂的時間表，像是我十點要開一個會議、下午兩點打算專心來寫一份計畫。那麼，事情跟事情之間隨時意外出現的空檔呢？我們沒辦法事先做安排，於是在空擋出現的時候，因為我們沒有計劃，所以我們就利用一些打發時間的方法把它浪費掉，例如上個網、看個臉書、看個影片。

或者也可能是另外一種情況，現在工作中出現了 30 分鐘的空檔，我打開自己的待辦清單，上面有一個要三個小時才能完

成的任務，但是我只有 30 分鐘的空檔，我想自己一定沒辦法完成那個任務，既然沒辦法完成，那不如乾脆不要做，於是又把這樣的空檔拿來打發時間。

> **我們必須要能夠善用這樣的空檔，當這些零碎的空檔累積在一起，其實我們會獲得非常龐大的時間資源。**

但問題是我們要怎麼樣能夠有效的利用這些空檔呢？關鍵就在於建立一個可以利用空擋的時間管理系統。

這時候這個時間管理系統不可以只有時間提醒的功能，因為就像前面提到的，我們不可能事先預測每一個時間點會發生的事情，我們不知道自己的空檔什麼時候會出現，又如何事先安排時間去做什麼事情呢？事實上我們自己的時間管理清單也不可能排到每分每秒那麼的精準，如果真的要這樣排，其實反而會浪費更多的時間，而且最終也不可能百分之百的實現。

這時候我們需要做的，是設計一個情境的管理系統。不是排出準確的時間點要做什麼事情，而是事先去計畫：

- 如果是只能思考的空檔可以做什麼事情呢？

- 如果可以用手機處理事情的空檔可以做什麼事情呢？

- 如果30分鐘的空檔出現可以做什麼事情呢？

- 如果只有10分鐘空檔，有沒有什麼事情是在短時間內就可以
採取行動的？

　　我們的系統應該要具備這樣的功能，不只是有時間提醒，也不只是排出事情的順序，也不只是決定事情的優先權重。

系統還要能夠主動的告訴我們：「在當下這個空檔情境，最適合採取哪個行動？」同樣的關鍵就在於，要讓系統主動告訴我們，而不是我們自己去想。

　　那麼，一個真正可以支援我們的時間管理系統，才算完整地建構完成。

2-5 為什麼我選擇用 Evernote 架構這個管理系統?

　　我們花了兩個章節的篇幅,非常仔細的分析如何架構有效的時間管理系統。

　　我首先提出的關鍵就在於,不是要改變你的個性,不是需要什麼厲害的單一技巧,而是要建構一套完整的支援系統,讓系統來支援我們。

　　看到要架構系統,可能第一時間讓人退避三舍,但系統其實是更簡單、更有效的方法。

　　接著我仔細的分析,這個系統想達成的最終價值有三點。

第一點是要建構一個讓大腦減壓的系統,讓人不

用去關心瑣碎的事情。

如此一來在第二點時，我們才可以相對沒有壓力的去專注在當下應該採取的最佳行動，即使我們知道還有很多任務沒有達成，還有很多行動沒有做到，但是因為背後有系統支援我們，所以我們只要專注當下最值得選擇的下一步行動，我們就知道事情自然會逐步的完成。

而最後第三點，就在於這個系統能夠幫助我們聚焦在那些最關鍵、最有價值的目標上面，因為時間管理不是要去把事情全部都做完，而是要把事情做得有價值，完成一些會讓自己快樂幸福的成果。

　　而從這樣的最終價值與目標回推，我們想為自己打造的時間管理系統，就必須要具備幾個關鍵的功能：

- 第一個功能,要能以少馭多,要能歸納整理出一個以專案視角,管理所有任務、行動的工作流程。

- 第二個功能,這個系統要能夠幫我關聯相關行動、拆解困難任務變成更具體的下一步行動。

- 第三個功能,每一個專案的任務跟行動,甚至包含資料,都擺放在同一個位置,這樣子我才能夠一次看到所有我需要執行的步驟。

- 第四個功能,這個系統必須要有時間提醒的基本功能。

- 第五個功能,系統更需要有一個排程順序的功能,就像一個工廠的生產線一樣,只要照著排程一步一步做,就不會漏掉任何一個關鍵的環節,並且永遠知道下一步應該推進哪一件事情。

- 第六個功能,這個系統還能幫助我們判斷優先權重,幫助我經由系統來選擇出最重要的目標。

- 第七個功能,系統能夠透過幫我選擇出當下這個情境最有價值的行動。

挑選一個符合功能的時間管理工具

有了這樣的系統方法論，建構完成整個流程，也清楚背後的思考邏輯，但系統畢竟要落實在某一個或某幾個工具上，讓系統真正地被操作實現出來。

所以這時候，你要幫自己找的就是一個可以滿足上述的目標、功能的工具，或幾個工具搭配成一套系統。

而對我來說，其實只要一個工具，就可以把上述系統的每一個關鍵環節建構完成，這個工具就是 Evernote。原因很簡單，因為這個工具就能滿足我前面開出的時間管理系統功能：

- 第一個功能，要能以少馭多，Evernote的「筆記標籤、記事連結功能」，可以最終幫我用少數專案筆記，管理上萬則任務筆記。

- 第二個功能，Evernote的「記事連結功能」可以幫我關聯相關行動，「筆記大綱功能」可以拆解困難任務變成更具體的下一步行動。

- 第三個功能，Evernote可以統整各種形式內容，於是每一個專案的任務、行動、資料，都能擺放在同一個位置。

- 第四個功能，Evernote這個系統有「時間提醒」的基本功能。

- 第五個功能，Evernote也能利用「記事連結」打造出排程順序的功能，照著排程一步一步做，就不會漏掉任何一個關鍵的環節。

- 第六個功能，Evernote系統的「標籤設計」能幫助我們判斷優先權重，經由系統來選擇出最重要的事。

- 第七個功能，Evernote系統能夠透過「標籤與搜尋功能」幫我選擇出當下這個情境最有價值的行動。

　　本書接下來，就要開始帶大家演練我自己多年來實踐驗證，對自己真的非常有幫助，一套以 Evernote 為核心工具，搭配前述時間管理系統，所架構出來的「Evernote 子彈筆記術」。

　　這是一套時間管理方法，也是一套任務筆記技巧，更是一套個人專案管理系統。

　　現在，就讓我們一起來打造出一個，快、狠、準，幫自己實現計畫的 Evernote 子彈筆記系統吧！

第三章

把「任務」演化成「子彈」

3-1 一個任務，一則筆記，一顆子彈

接下來我們就開始利用 Evernote 打造出自己的子彈筆記方法，以及一套有效的時間管理系統，不過，這邊我有一個跟一般子彈筆記方法不一樣的切入點。

大多數子彈筆記方法，一開始都會教我們開始列出每天的子彈行動清單，這點看起來確實非常的有吸引力，列出每一天的行動確實看起來非常的有成就感，可是就像我們前面兩個章節所分析的，這樣做很容易讓待辦清單最終依然陷入那一個「做不到的待辦清單」的惡性循環。

列出行動當然重要，但行動跟行動之間有所關聯，一系列的行動才能獲得一個有價值的任務成果，而關聯更多的任務成果，最終才能完成一個真正創造巨大價值的專案目標。

　　所以我自己的實戰經驗，認為我們一開始，應該管理的不是立刻就排出我們的每日子彈行動清單，而是先從行動、任務、專案這個系統中，系統的中心點，也就是「任務」開始打造起。

以「任務」作為焦點，才能幫助我們真正拆解出可以做得到的每日行動清單，並且可以幫助我們不要陷入混亂的、分散的行動當中，以及可以創造真正有效的成果。

不是在行動中迷失，而是在逐步創造的成果中推進，更能創造出一個有意義的時間管理系統。

避免瞎忙，就是避免分散行動

　　讓我先用一個故事來說明，這個故事是我從《SCRUM 用一半的時間做兩倍的事》這本書上所看到的。

　　假設週末時間到了，我有一整天的空檔，可以來處理一些之前累積很久沒有做的家務。這時候，我就想說：

- 那來整理一下前面的庭院好了。

- 但是掃了一下落葉之後，我想起來廚房買了一個新傢俱還沒開始組裝。於是落葉掃到一半，我跑去開始組裝傢俱。

- 但是組裝到一半之後，我又想起來客廳的牆壁還沒刷上新的油漆，於是我開始開始跑去刷油漆。

- 結果油漆又刷到一半，我又想到書房的書櫃，還沒有把書做好整理，於是我又跑去整理書櫃。

- 整理到一半之後，其實大半天的時間已經過去了，我做了很多事情，也開始覺得很疲累了。

- 於是我跑到客廳沙發上打開電視，想要放鬆一下，然後一轉眼，一整天的週末時間就過去了！

　　這是不是很像我們週末、上班日會出現的待辦清單？

而當我仔細回想的時候，會發現這個週末過得非常空虛，過得沒有成就感，覺得需要更多時間放假讓我把所有的事情都處理完成。為什麼會這樣呢？這種感覺，是不是也常常跟工作上遭遇的忙碌卻空虛的感覺很像呢？

因為我當做一個行動時，東做一個、西做一個，沒有考慮到行動的相關性，沒有考慮到行動背後那些要完成的任務成果，最後雖然做了很多行動，但卻沒有真正完成一個有價值的任務。

- 庭院掃到一半的落葉，看起來還是跟沒有掃過一樣。

- 廚房組裝到一半的傢俱，依然是一個無法使用的傢俱。

- 油漆到一半的客廳，看起來可能還更醜。

- 書房整理到一半的書櫃，下一次我可能忘記自己整理到哪裡，說不定還需要重新再整理一次。

於是一整天都覺得自己很忙，花了很多力氣，但最後沒有獲得一個真正的成就感，也沒有任何一個成果被真正的完成。

這其實是時間管理最大的問題，感覺瞎忙，卻沒有真正完

成任何有價值的事情

而這裡面的關鍵，就在於我們只看到行動，卻沒有看到行動背後真正可以要完成的任務成果，並且，沒有聚焦去完成任務成果。

我們一開始不能把焦點放在那些零散的行動上面，而應該聚焦在可以帶來成果的一個一個任務上面。

所以，我們一開始要學會的，不是列出每天的行動清單。

在時間管理系統中第一件要做的事情，其實很簡單，就是鎖定好那些有價值的事情，把那些有價值、可以帶來成果的事情，變成一個一個任務，然後從任務的角度，開始思考。

Evernote 中的每則筆記，就是一個任務核心

這也是為什麼我在時間管理系統的工具選擇上，其實很少

利用待辦清單類型的工具來做時間管理。

因為對我來說，時間管理不是一個一個行動的組合而已，時間管理最核心的價值應該是：鎖定、確認、思考我想要創造的任務價值。

Evernote 就可以利用一則一則的任務筆記，來聚焦在任務上，在任務筆記裡面，好好先把任務的目標願景思考清楚，就像寫筆記那樣，然後才是去拆解行動清單。

我也遇過很多朋友問我，他的 Evernote 使用久了之後，常常筆記變得非常的散亂，資料分散在很多不同的筆記當中，要處理一個任務，因為任務的行動散落在很多不同的筆記，很容易漏東漏西。那麼，我們要怎麼樣把 Evernote 裡面的筆記，變成真正好搜尋、好整理，使用起來又非常地輕鬆、便捷，並且提高生產力呢？

這裡我提出一個很簡單的原則，那就是：「一個任務、一則筆記。」

把任務的目標成果、任務的行動清單、任務相關的資料，都放入同一個任務的同一則筆記當中，那麼 Evernote 就會變得非常好整理了。

用任務成果來對焦，會讓整理更簡單

因為，我們的工作、生活驅動，就是以任務成果為中心。

任務可以創造一個具體的成果，以前面的例子來說，組裝好廚房的傢俱是一個任務，徹底的清掃完成是一個任務，把客廳完整粉刷完成是一個任務。只有真正完成一個任務，一個具體的成果才會產生。

而在這個可以達成具體成果的任務底下，可能需要採取多個行動步驟，可能需要準備一些資源，可能有一些參考資料，我們都把它放在同一則 Evernote任務筆記裡面。這樣子一來，當我想要完成某一個任務成果的時候，我就會立刻在同一個地方找到、看到我需要的東西。

就算暫時漏掉其他的東西，也沒關係！因為回推時間管理的核心價值，無非也就是完成一個個任務成果，所以只要以任務的成果為核心來管理，我們就可以把握住我們真正需要把握住的東西。

反過來說，如果我們不是這樣子做，會怎麼樣呢？

比如說，我也看過有些朋友在做 Evernote，或者在做任務管理的時候，是把行動、資料分散在很多不同的地方。想粉刷客廳牆壁油漆，這個想法新增一則 Evernote 筆記，開始找油漆相關資料，又多了好幾則油漆資料筆記。要準備購買油漆相關的工具，又是第三則不同的筆記。這樣不是以任務成果為核心的管理，最後筆記當然會變得很混亂，而且使用上一樣會漏東漏西，要找東西的時候找不到我們需要的東西在哪裡。

案例：任務筆記如何引導更好的行動？

接著，讓我舉一個自己在 Evernote 上的實例。

就像前面的文章也有提到的，有一陣子，我在週末的工作很多，老婆很希望週末我能夠帶孩子一起去做一些活動，可能是吃個早午餐，或是趁天氣好的時候去踏青郊遊。

　　一開始只是一些「想到就做」的分散行動，但是我開始思考，這些行動背後要完成的那個真正的任務成果是什麼呢？於是我建立了一則：「好好陪伴老婆與孩子的任務筆記」。

　　我開始在這一則筆記中仔細的思考：我想達成的真正任務成果是什麼？並且將他們寫入筆記中。

　　然後在同一則筆記當中，我繼續思考，要達成這個任務成果，我可以做哪些行動？我可以帶小孩去吃我和老婆也很愛吃的早午餐餐廳、我可以帶小孩去踏青，那麼有哪些適合親子踏青的地點呢？或許我不一定要等到週末才能陪伴老婆與孩子，在平常上下班的起床時間、下班回家時間，有沒有什麼可以和老婆與孩子創造更多美好家庭回憶的行動呢？我把這些行動全部都列出來，變成同一則筆記中的任務行動清單。

　　然後也在同一則筆記裡面，我把那些可以去的早午餐餐廳、適合親子郊遊的地點、想跟孩子一起看的童書、可以幫孩子做的早餐，相關的資料全部都放入或者連結，統一到這則 Evernote 筆記當中。

　　於是，這則筆記就變成了我的一則聚焦在某個人生重要任務成果的筆記。

　　而更重要的是，這樣的筆記方法，幫助我非常聚焦在「真

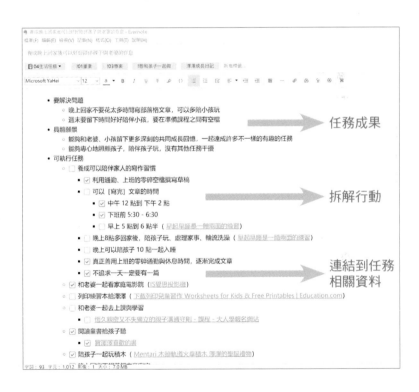

正完成某些成果跟價值」上面，而不是在零散的行動打轉。

我會一直看到這則聚焦某個價值的任務筆記，他會提醒我真正要完成的成果是什麼，並且打開這則任務筆記，我會很輕鬆、不遺漏的，找到要完成那個任務成果所需要的行動跟資料。

這則要好好陪伴老婆和孩子的任務筆記，在我真實的生活中發揮過很多次的作用。

我記得有一次，同樣禮拜六我要去授課，是下午一點的課程，我本來計畫早上好好的備課，中午出發前往上課地點。

但是前一天禮拜五的晚上，孩子忽然有點身體不舒服，老婆說週末的早上可不可以在醫院九點開門的時候，先帶小孩去看醫生。當然，小孩生病一定要帶去看醫生。不過老實的說，第一時間，我的心裡確實產生了一點點不願意的感覺，或者說產生了一點點有壓力的感覺，因為我開始焦慮原本已經準備好要來備課，現在卻被意外插入另外一個行動，時間似乎開始不受我的掌控。

但是，這時候我看到了，前面這則「要好好陪伴老婆孩子的任務筆記」，打開筆記，我看到了這個任務我想完成的成果是什麼，看到了可以利用時間好好陪伴孩子的各種不同行動。

於是這時候，我想到陪孩子去看醫生，也是屬於這個任務下的相關行動，而如果要讓這個行動可以連結出更大的價值，那麼不如把他做得更好，完成得更徹底。

我那時候跟老婆說，雖然醫院九點才開門，我們不如八點就提早出發，先去醫院旁邊一家在筆記上還沒去吃過的早午餐餐廳，和孩子一起用個簡單的早餐，然後再一起去看醫生。大家在愉快的心情下面回家，我還是有時間休息一下，準備一下課程，或者我提早禮拜五的晚上先準備一下。

但是這樣一來我們在週末的早上，就不僅僅只是完成一個看醫生的行動，而是真正完整的完成了一個陪伴孩子、創造回憶的任務，真正產生了我們想要的任務成果！

真正有殺傷力的任務子彈

這時候，一個真正的子彈才會產生。

真正的子彈絕對不會是那些分散的一個一個小行動，因為小行動沒有殺傷力。

組裝到一半的傢俱，油漆到一半的客廳，沒有完成任何成果，不構成任何攻擊的威脅性。要有殺傷力，就是要把任務的成果真正的完成，真正創造出成果出來。

所以只有聚焦任務，才有辦法變成子彈。我們應該要在任務上面做好整合跟管理，把它變成時間管理的樞紐。

讓我來為大家統整一下：

● 行動很多，我們要以少馭多。

● 以任務為樞紐，來管理分散的行動。

● 任務很多，我們繼續上昇到專案的視野。

● 繼續以少馭多，以專案來管理越來越多的任務。

其中，任務這個環節，則擔負了起承轉合的樞紐作用。

這就是一則筆記、一個任務，它會變成一顆子彈，所能帶來的效果。

而如果我們使用 Evernote 來建造這樣的子彈筆記系統，他和一般待辦清單最大的不同，就是它非常適合用來整合、理清這樣一個一個的任務目標。

而事實上，我覺得比起列出每天行動清單，反而是一則一則做得好的任務筆記，才是真正提昇生產力的關鍵。

因為我們不是在管理行動，我們其實真正的目的，是在管理我們所能完成的價值、所能創造的價值。

3-2 如何在 Evernote 中拆解、整理任務?

下面,讓我快速用另外一則自己的 Evernote 筆記,來展示一下如果在 Evernote 中進行一則任務筆記的拆解。

基本上我會用下面三個原則,來架構出一則任務筆記:

● 想要獲得什麼具體成果?

● 拆解出需要做的下一步行動

● 整合任務需要的相關資料

想要獲得什麼具體成果？

下面讓我來實際解釋，目前如何在 Evernote 上進行子彈任務筆記的管理。

首先，當我遇到一件事情、需要採取某個行動，或者誕生某個想法的時候，我就會去想，這是不是一個具體的任務？有沒有這個任務想達成的某一個具體的成果？如果有，我就開一則新的任務筆記，開始拆解，之後跟這個任務相關的所有事情，都要整合到這則任務筆記上。

換句話說，也有可能是我想到一個行動、想法，發現之前已經有某則任務筆記與此相關，我就可以直接把這個想法、行動，放入之前的任務筆記當中。這樣，就可以逐步的做出時間管理系統需要的整合，筆記也不會零散。

每當一個新的任務筆記誕生之後，無論他是工作上的專案、任務生活中的事情、個人的興趣、習慣的養成，或是某個願望，總之都要先思考一個問題：「這件事情到底我想要達成什麼具體成果？」並且把這個具體的願景描述出來。

因為，同樣一件事情很有可能因為我設想的具體願景不同，而會衍生出不同的行動方式。

我們必須要先確認想要達成的具體成果，才能開始知道怎麼拆解出有效的行動。

有時候我們的行動卡關，一個很關鍵的原因就在於我們搞錯了，或是沒有確認想要達到的具體成果。

例如同樣是跑步這個習慣，我原本一直覺得自己必須每天早上空出一個小時的時間來完成跑步，但是我早上根本就空不

出那麼多的時間，於是這個任務一直卡關在那邊。

但是如果重新去設定我的具體成果，說不定會發現，自己想要的成果只是幫早上找一件有趣的事情，或者只是想要讓早上更清醒，或是稍微提昇一下自己的心肺能力。

而這些成果，其實都不一定要用早上硬擠出一個小時的跑步時間來達成，是我自己把自己卡在那一個根本不需要的行動上面！

如果確認我的成果，我將會發現有很多實現這個成果的可能性。

拆解出需要做的下一步行動

於是當成果被確認後，我就開始在同一則筆記裡面，以目前可以想到的，拆解出要達成這個成果需要的下一步行動清單。而且，我指的是要有創意的、全面的去思考符合成果的行動清單。

這是什麼意思呢？讓我用自己真實的跑步習慣任務案例來做解釋。

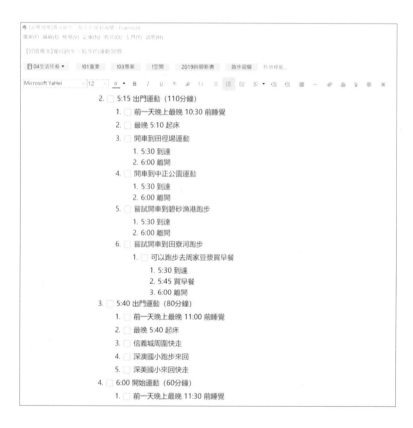

　　你可以看到圖中，我的跑步計畫行動清單是這樣設計的，我並非只是簡單的決定：「每天早上五點起床去跑步，六點半回家，開始洗澡準備出門上班。」並非只有設定這樣單一的行動而已。

　　因為我知道，這種單一、固執的行動，實現的幾率非常的低。因為我們會遇到各種意外的狀況，可能今天早上賴床了，快六點才起床，心裡就想說時間都過了，今天先不要跑步好了。說不定今天起床的時候下雨，想說天氣不好，今天不要跑步好了。說不定前天晚上回家的時候很累，想說精神不好乾脆直接取消明天的跑步好了！

　　如果我們的行動很單一，我們實現任務的可能性就會降低，但事實上並不需要如此，我們可以為符合成果的任務，拆解出更多元的行動。

　　例如我會繼續去思考，那麼如果我五點半才起床，我可以實現什麼跑步計畫呢？或許就不是像原本一樣到體育場去跑步，而是到家裡附近的小學公園跑步。我再繼續設想，如果不小心六點起床，我可以怎麼實現這個計畫呢？於是我發現，從

想要達到的成果來看，跑步其實不是我唯一可以採取的行動，如果我想提昇一下心肺能力或精神，六點起床的時候，我也可以利用一個在家健身的 App，簡單練習一些地板伸展動作，同樣可以達到我想要達到的成果。

甚至還可以繼續想，如果早上臨時有事情，我可以利用中午午休時間去外面快走，30 分鐘、一個小時，是不是也能達到我的想要達到的成果呢？

於是我就在筆記裡面，在那個任務多元可能性的行動清單拆解出來。

不是立刻去列出每天的行動清單，因為固執於每天行動清單，反而真正實現的機會降低了。我是回到每一個具體的任務筆記當中，去拆解出這個任務可能可以實現的「可能性的行動清單」。

然後，無論我遇到什麼情況，五點起床、五點半起床、六點起床、早上很忙，我都有辦法繼續推進這個任務，繼續累積這個任務想要達到的成果。

這樣一來，困難的事情，就會變得簡單，並且我們可以更加地善用時間。

整合任務需要的相關資料

最後，如果這個任務需要一些相關的參考資料，我也可以把那些資料直接剪貼到同一則任務筆記的最下面。

如果資料量很多，沒辦法統一在同一則筆記，那我可以把那個資料筆記，用 Evernote 記事連結的方式，連接到同一個任務筆記的相關處。

關於「記事連結」的方法，在下一章講到專案整理的時候，我會做更詳細的解釋，如果不清楚操作功能的朋友，可以統一到下一章查看。

而這樣一來，一個像子彈一般的任務筆記，就在我的 Evernote 中建構完成了。

3-3 拆解下一步行動的具體操作技巧

看完前面,我實際拆解任務筆記的例子,你可能發現這樣子的任務管理方法,有兩個重點:

- 第一個重點,聚焦在一個真正值得完成的任務成果上,並且把任務的所有環節,統一在一則筆記當中進行管理。

- 第二個重點,當任務可以拆解出具體下一步行動清單,這時候這個任務就可以被更有效地往下推進。

這些具體的下一步行動清單,可以幫助我們知道應該怎麼執行?知道可以在什麼時間去推進?這個任務的成果

但是這時候會遇到一個很大的難題，當我們在拆解任務的時候，或許我們還相對容易看到任務的成果，但是我們卻不知道怎麼拆解出具體詳細的下一步行動清單。

要寫一份報告，我們覺得就是寫一份報告啊？還能夠拆解出甚麼行動清單嗎？為什麼 Esor 可以從寫一份報告，想到需要設定題目、需要搜尋資料、需要研究案例、需要列出大綱、需要寫一個草稿、需要畫一個圖等等行動，我們要怎麼樣在各種工作、日常事情上，都學會可以快速地拆解出下一步行動呢？

這裡就讓我針對這個問題，分享我的一個具體的作法。

四個拆解行動的思考方向

我的方法很簡單，無論如何，我們總可以在一個任務底下，先列出第一個行動吧？或者你就把那個任務要達成的成果，當作第一個列出來的行動。有了第一個行動之後，接著我們往這個行動的上下左右四個方向去思考。

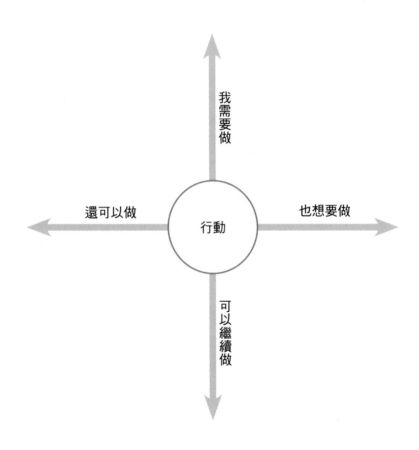

上，我需要先做什麼？這個任務需要哪些前置行
動？有哪些前置條件？

往上思考，就是往前回推，如果要做到這個行動，有沒有
比他更前一步的行動必須先做呢？有沒有比前一步行動再更前
一步的行動必須先做呢？

不斷的往前回推，思考出更多前一步行動清單，其實就知
道真正的第一步行動是什麼，以及下一步行動的清單了。

下，我能繼續做什麼？完成這個行動後，我還可
以繼續採取哪些行動？

往下思考，就是往後延伸，如果這個行動完成了，我還能
繼續採取什麼行動，讓這個成果變得更好嗎？或者有沒有其他
任務會跟這個行動相關，可以把彼此連接在一起呢？

透過這樣方式，讓行動創造更多價值，並且擁有更多未來
誘因。

左，我還可以做什麼？這條路如果走不通，可以換成做什麼？

往左思考，就是水平思考，去開展這個行動有沒有其他可以替換的行動？有沒有其他可能性？如果原本預設的這個行動走不通，有沒有其他可能可以採取的作法？也可以達到類似的成果呢？

透過開放式的水平思考，我們不需要固執在唯一的行動上而裹足不前。

右，我還想要做什麼？這個任務我有沒有其他想要的成果？

往右思考，另外一種水平思考，如果原本的這個行動走不通的時候，有沒有可能替換其他也想要達到的成果，當成果替換，行動也會跟著替換，於是我就可以不用卡在原本的行動上面，繼續去利用時間，採取不同的行動，達到類似的成果，而且一樣是我想要達到、需要達到的成果。

案例：具體拆解下一步行動

我不是說，每一次在拆解任務的時候，都一定要把這四個方向的行動拆解得非常清楚，不需要這樣子，因為這樣子也太累了！

我的意思是，如果當你發現任務走不通、卡住、拖延，那麼可以從這四種方向裡面，去尋找一個方向，或是採用兩個、三個方向試試看，有沒有可能把行動拆解得更具體、更詳細，以及更可能被執行？

讓我用一些實際的案例來做示範，讓大家更容易理解這四個技巧。

假設我現在有個任務：「想要養成每天回家閱讀書籍的習慣」，這時候我怎麼拆解出可以幫助自己實現這個任務成果的具體行動呢？

往上思考，往回推，如果想要養成每天回家閱讀的習慣，

我需要先做哪些行動？

- 我想到回家之後必須要先有一本可以看的書，所以我要先買好一本書。

- 但是我想看的書是什麼呢？或許先挑出一本我需要的好書。

- 我一邊閱讀，想要一邊學習，那麼可能要為自己準備一個做讀書心得的筆記本。

- 如果我希望閱讀的時候很有氣氛，那麼要準備好一個播放音樂的工具。

- 當然我一定要先想辦法空出回家可以閱讀的時間。

- 而這有可能會牽涉到我必須在工作流程上讓自己可以準時下班。

你看，光是一個往前回推，馬上就列出了幾個行動清單。

我們繼續往左邊想，我可以做哪些替換行動呢？如果我回家沒辦法好好的待在客廳或書房看書的時候，有沒有什麼可以

替換的行動呢？於是我想到：

● 如果說不要用看的話，可以怎麼看？

● 可不可以用聽的，那要怎麼用聽的呢？

● 或許可以用買電子書的方式，讓電子書App朗讀電子書給我聽。

● 這樣我洗碗、洗澡的時候，都可以播放我想閱讀的書。

　　接著往右邊想，有沒有其他我也想達到的類似成果呢？這個任務除了養成每天閱讀習慣之外，有沒有其他我也想要達到的成果呢？或許我想到的是我的工作上效率不夠高，我很希望趕快提昇我的工作效率，那麼把這兩件事情連接在一起，我就知道，我不只是要養成每天回家閱讀的習慣：

● 我還必須先去找對工作效率提昇有幫助的書。

● 優先閱讀這些書，趕快獲得更有效成果。

最後往下思考，如果真的養成每天回家閱讀的習慣，做到了之後，有沒有可能為這些行動再創造更多的延伸價值？我還可以繼續做什麼？這時候或許我可以想到：

● 可以把我的讀書心得筆記，變成一篇網路上的分享文章。

● 或是乾脆剪接成一個Youtube的說書影片，它分享出去。

● 讓更多人受益，也為自己創造更多延伸的成果跟價值。

你會發現，一個原本單一的任務行動，經由這樣上下左右的四個方向拆解，他會找到更多可以推進的行動，任何情況下我都可以採取某種行動來推進這個任務，我會很明確的知道要達成這個任務成果，該做哪些行動與準備，才相對不容易卡關。

並且，這個任務會變成更有趣，這個任務可以延伸更多的價值，而我會更想要做這個任務。

其實要把任務拆解出詳細的行動清單，沒有大家想像的那麼難。

我們只要不執著於一定要做某個步驟的想法，而是應該開放自己的思考，從我前面提到的這四個角度重新設想，你也可以為任務拆解出具體、有趣、有效的行動清單，而這時候，任務可以被真正的推進。

3-4 如何在 Evernote 快速撰寫簡潔有效的行動描述？

　　你有沒有在做筆記時，遇過這樣的困擾？聽著老師講解，或是主管報告，快速把聽到的每個重點記錄下來，覺得自己好像記了很多，但事後回頭看筆記，覺得一團混亂！甚至看不懂自己到底在寫什麼？或是原本誤以為內容豐富的筆記，卻很多重複內容，發現真正的重點並沒有記到？於是你還要再花很多時間重新整理一次筆記？

　　經過前面的時間管理筆記方法後，我們發現需要常常在筆記上做「任務拆解」，這時候，要怎麼快速「寫好筆記」呢？在這篇文章，我想落實在 Evernote 上，分享如何把拆解出來的內容，利用功能整理好。

用主題樹狀大綱來整理任務筆記

　　我自己有一個很簡單很簡單的筆記方法，說出來沒什麼稀奇，而且立刻就能學會。但我也發現很多朋友做筆記時，沒想到用這個邏輯去寫，導致「第一次」的筆記常常混亂沒有章法。

　　這個筆記方法，我稱之為「主題樹狀法」。簡單的說，就是利用「主題編號、樹狀階層」的形式來寫筆記。

　　重點是，並非寫一段段的描述文字，也非單純條例重點，一定要同時符合「樹狀階層、主題編號」兩個原則。

　　範例可以參照前面我的許多任務拆解筆記圖，這樣的「主題樹狀大綱」，可以很輕鬆地把思緒整理起來，並且保持下次思考時的延續（因為可能要想好幾天、好幾個禮拜）。

「主題樹狀筆記法」要解決的三個問題

為什麼要這樣做筆記呢？要破解三個問題：「筆記順序散亂、理路缺乏邏輯、重點混雜不清」，還有因此導致的要重複整理筆記的問題。

解決第一個問題，讓筆記順序不雜亂，任務拆解有次序。

如果只是想到什麼就流水帳的筆記，很難把前後相關的重點整理在一起，也很難把同類的重點做分類，於是你的筆記裡重點可能是七零八落的。

這時候，善用「樹狀大綱」的分層梳理方式，可以在做筆記時，就做好重複重點的整合、相關理路的整理，讓筆記不分散。

解決第二個問題，讓理路有邏輯，讓任務思考有層次。

筆記目的是重點整理，但以前我們剛剛在學校學會寫筆記時，都只學會照抄比記的方法。

老師上課或書本閱讀時，為了解釋清楚會參雜很多額外資訊，筆記並不需要把這些全部都寫下來。但我們很容易陷入什麼都寫的迷思，自己不思考，只是一股腦全部照抄的筆記，反而事後自己更難看得懂！

這時候，「主題思考」、「大綱分類」的筆記法，可以強迫我們問自己：「主要重點是什麼？邏輯順序是什麼？」自然做出有自己思考的筆記。而這也是任務拆解時需要的思考層次。

第三個問題，讓重點凸顯，明確關鍵的行動。

一個任務、一本書、一堂課，他的知識脈絡通常是多線劇情，例如要解決什麼問題？採用什麼方式？有哪幾種策略？這多條線在上課與閱讀時，通常是同時多線進行。如果筆記把他們全混在一起，事後就很難梳理。

而「大綱階層」，就能適合同時展開多條線索，每次找到哪一條線索的新重點，就納入該條線索中，多條線索可以同時整理。

其實真的很簡單，只是我們要改變一下習慣，把筆記變成
「主題大綱」，而不是單純描述或條列的筆記即可。

如何快速寫下行動的重點？

開會討論時，怎麼快速寫下有效的下一步行動筆記？不讓
會議開完後，大家都還不知道怎麼行動？

老闆、客戶跟我交代事情時，如何快速記錄對方重點，寫
得快，而且寫得好，沒有漏掉關鍵，甚至當下發現對方遺漏的
關鍵，即時提問，讓事情順利完成？

我自己腦袋中迸出要做的事情時，也能夠快速筆記下來，
並且事後看得懂自己真正要做什麼？

這些問題，其實都可以在「書寫方法」上解決，只要在每
次筆記任務時，根據下面四個關鍵字來書寫：

● 行動：具體要做的是什麼行動？

● 對誰：有沒有明確要對誰行動？（如果沒有，可省略）

● 成果：具體要完成的是什麼成果？

● 時地：有沒有明確要執行或完成的時間地點？（如果沒有，可省略）

原本可能只是「對方講什麼，我就拚命紀錄什麼」，或是「腦袋想什麼就原封不動寫出來」，導致行動愈寫愈長，但最後反而看不懂、寫不完、有遺漏。

如果改成「只記錄四種關鍵字」，不成句子也沒關係，反正是在寫行動，不是在寫文章。

要注意的是，這四個關鍵字預設的行動主角是〔我〕，如果要記錄的是他人要做什麼任務，那就在開頭加上第五個關鍵字：〔誰要做〕。

讓我舉一些例子來試試看，我用大綱的方式，來做出對比。上層是一般任務的描述，模擬他人交代時的語氣，或是開會討論時的內容。下層則是利用「四個關鍵字」快速書寫行動：

● 要用Google文件製作一份協同合作大綱，共享給某位作者，

讓作者可以一起即時編輯，而且要在禮拜五前完成。

◇共享 某作者 大綱協作 禮拜五前

● 禮拜四之前需要去公司附近的某某銀行領出多少錢。

◇領錢 某某銀行 多少錢 禮拜四

● 要測試某軟體的功能，列出要寫的文章的大綱。

◇測試 某軟體 大綱。

透過抓出「行動、對誰、成果、時地」四個關鍵字，精簡原本描述性句子，這樣可以節省紀錄的時間，而且未來還是看得懂要做什麼。

有時候，也不用四個關鍵字都寫，可能不需要對誰，沒有明確時地。但通常一定會有某個具體行動，以及這個行動要產生的成果。

你可以在四個關鍵字之間加上一些符號來區隔，例如逗點、冒號。不過我習慣用〔空格〕，因為節省輸入時間，手機上打個空格也很方便，並且最後也還是看得懂。

很多時後討論一件事情，到了結論，雖然把方向記錄下來了，但其實根本不知道要「做什麼」，就是因為書寫行動時，忘記問這四個問題：

● 到底具體要採取什麼行動？

● 有沒有要對誰去做？

● 具體要完成的成果是什麼？

● 有沒有限制什麼時候前完成？

你需要學會的 Evernote 大綱、核取功能

最後，我補充一下教學圖，看看要怎麼在 Evernote 編排大綱，或是插入待辦清單的核取方塊。

這些功能在 Evernote 的手機版、電腦軟體上都可使用，我以手機上來示範，其實功能都在編輯工具列上。

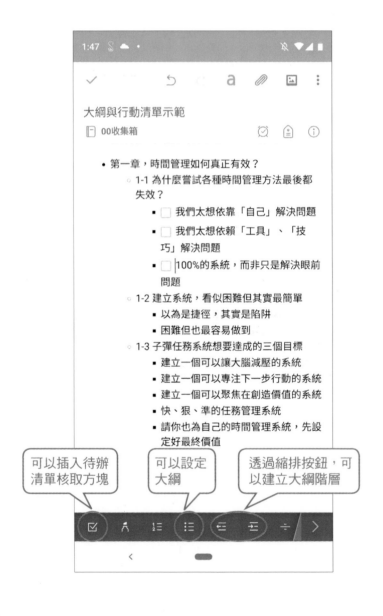

第四章

任務子彈「組織」成專案系統

4-1 可以專注目標的專案管理系統

經過了前面一個章節的練習，掌握了時間管理系統中最核心的樞紐，也就是一個一個「任務」，透過建立一個包含了具體成果、拆解行動的任務筆記，現在我們可以開始去推動這些任務了。

不過，雖然這樣的任務是時間管理中的基本單位，但是如果只是在任務層做管理，那還是遠遠不夠。

任務的數量，往往依然會很龐大，我們最終必須要決定，哪些任務要優先完成？哪些任務必須在時間不夠的情況下捨棄？什麼樣的任務這時候去執行最好？會為我自己帶來最大的效益？

更重要的是，如何知道自己每一天最應該專注的目標是什

麼？即使當各種事情不斷意外發生的情況下，我們也能夠保持在自己的道路上，或者起碼懂得如何去修正自己的道路。

而這時候，我們就必須要把任務的視野再往上提高一層，進入到專案的視野去做管理。

任務子彈，為什麼要從專案視野去管理？

舉個例子來說，我要規劃一個 Evernote 子彈筆記課程的「課程大綱」，我要設計一個課程的「報名網頁」，我要請設計師畫出課程的「主圖」，我要跑課程後面的「手續行政流程」，我要「測試許多 Evernote 的管理功能」。這些其實都是獨立的任務，他們有各自可以達成的成果，需要用一則一則不同的任務筆記來拆解，但是他們背後也關聯著一個更大的共同目標，就是希望成功開辦：「Evernote 子彈筆記課程」。

或者以生活上的例子來舉例，搬家之後我想為小朋友「規劃一間遊戲室」，今年的連假想要安排一次「親子出國自助旅行」，有許多預排好的「孩子打預防針時程」，要開始準備小

孩子「上幼稚園需要的資料」，這些也都是一個一個有各自成果的任務，但是他們同樣背後關聯這個更大的專案、更大的目標，也就是：「育兒計畫」。

這時候，除了要在任務層管理之外，如果可以直接從專案層管理，那麼我們只要能夠掌握好「Evernote 子彈筆記課程」、「育兒計畫」這兩個專案，我們就可以從一個更高的視野去做決定。

這時候我們才能判斷，在這兩個專案裡面，那些任務的輕重緩急是什麼？什麼應該現在優先做？什麼現在可以暫緩？有沒有一些任務不在這兩個專案中，那麼這些任務是不是要先放下，以面干擾最大目標？

我們要打造一個系統的時候，就是想要打造一個可以專注目標的系統。接下來這個章節，我就要來進一步的分享，這樣的系統如何在 Evernote 上面來實現呢？

兩個 Evernote 功能，搞定專案管理系統

接下來我要應用兩個 Evernote 功能，只要應用這兩個功能，就可以在 Evernote 大量任務筆記裡面，建立起我們需要的專案

管理視野。

我先以下面這張圖，來示範說明最終的效果是什麼。

在圖的最下方，就是任務層，表示的是一則一則在 Evernote 中獨立的任務筆記、專案資料筆記，這樣的筆記數量，即使我遵守著，一個任務一則筆記的整合原則，但是以我使用了十年的 Evernote 之後，我的 Evernote 當中也累積了上萬則的筆記。

但是我不擔心這會讓 Evernote 系統變得很雜亂，因為接下來，大家看到圖中間那一層，那就是專案層。

我會利用下面將介紹到的 Evernote「標籤」應用的功能，把相關的任務筆記、相關的資料筆記串聯在一起，於是一萬多則的任務資料筆記，可以歸納成數量更少的「專案分類」。以我的例子來說，這一萬多則我十年來執行過、準備執行的任務，最終的分類其實也不過就是上百個專案分類而已。而其中很多是十年來已經做完的專案，有些是還沒開始、只是籌備中的專案，真正當下進行中的專案，可能不過是二三十個。

最後，看到圖的最上面那一層，只是把任務跟資料分類到一個專業裡還不夠，我還要另外建立一則管理筆記，我稱呼他為這個專案的：「專案管理主目錄筆記」。

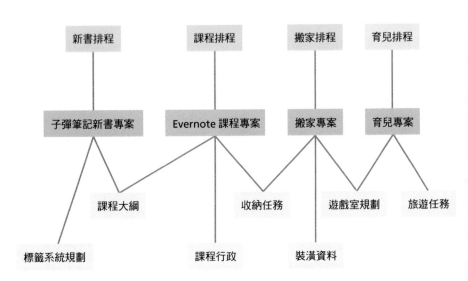

真正執行中的重要專案則是 20 多個

上萬則筆記，歸納成 150 多個專案

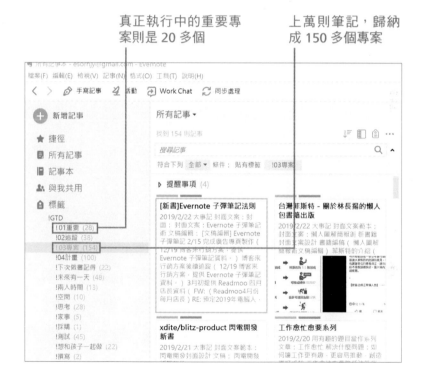

在這個專業目錄筆記當中，我利用 Evernote 的「記事連結」功能，把屬於這個專案的每一個任務筆記，連結到專案管理的主目錄筆記當中。

專案目錄筆記就好像是一本書的目錄頁一樣，但是這個目錄有超連結的功能，當我打開專案目錄筆記，我就可以看到這個專案的每一個階段流程，連結到每一個流程裡需要執行的任務，或者是執行時需要的資料。

我只要去掌握，每一個專案唯一的專案目錄筆記，我就可以找到我需要的東西、不漏掉我需要的東西

這樣一來，雖然筆記有破萬則，但是最後一步一步的收納歸類，其實我每天可能只要在20幾則專案目錄筆記當中去做管理，甚至通常只要在五六則專案筆記當中做管理，基本上工作、生活就會在它們的軌道上面。

接下來這個章節，就是要利用 Evernote 具體的功能，實現這樣的一個時間管理系統。

4-2　如何分類專案？Evernote 標籤應用

　　接下來，我們就來說明如何在 Evernote 這樣的一個時間管理系統中，去對一則一則的子彈任務筆記進行「專案的分類」。

　　分類聽起來是很簡單的功能，但為了解決分類裡的某個獨特需求，我會建議：

不是用Evernote中的記事本功能來分類專案，而是用「標籤功能」來分類專案。

　　為什麼呢？讓我們一起來思考看看。

一個任務常常跟多個專案有關

在分類的時候，其實我們常常遇到一個問題，只是我們可能沒有想過要怎麼具體的解決。

這個問題就是，一個資料、一個任務常常在多種專案、多種需求下都會需要使用到。

例如家裡有一臺吹風機，但是家裡有兩間浴室，在 A 浴室洗澡完會需要用那台吹風機，在 B 浴室洗澡完當然也想用那一臺吹風機。那麼，這時候這台吹風機應該放在哪一個浴室好呢？放在 A 浴室，B 浴室就變得不方便。買兩台吹風機，又變成不是每天都會用得到。擺在兩個地點中間，變成兩個使用起來都不方便。

工作專案、時間管理上，也會面臨這樣的分類難題。

我有一則任務筆記是：「Evernote 子彈筆記方法測試」的心得筆記，是我不斷實驗、研究方法、調整技巧，然後獲得的任務筆記。這則任務筆記可以用在我安排「Evernote 課程」的時候，能夠當做課程大綱。但是這個任務筆記也可以用在我要

寫一本「Evernote 子彈筆記新書」的時候，當做新書大綱。

這時候問題來了！這則筆記，如果要進行專案分類，我要分類到哪一個專案才好呢？而且這兩個專案都還在同步的進行當中。

如果放在課程專案，我在執行寫蔬專案的時候，要取用這則筆記就會變得麻煩。

如果把筆記複製成兩份，放進兩個專案的資料夾呢？問題更大，我在課程構思的時候修改了這個「Evernote 子彈筆記方法測試」任務筆記的內容，那麼他的複製體，在新書專案裡面的那則筆記，就會變成是舊版本，要不就要花時間也去更新。

這樣一來，我的筆記就會變的更加雜亂、版本錯亂，而且在實際的執行工作上，很容易遇到錯誤。

用 Evernote 標籤來多重專案分類

Evernote 的記事本，或是傳統資料夾的分類方法，都有一個問題，那就是一個蘿蔔只能放在一個坑。

如果把 A 任務、A 資料，放在甲資料夾當中，這時候，如

果 A 任務與資料，也可以在乙專案中派上用場的話，那要怎麼辦呢？我不能夠同時把一個筆記放進兩個資料夾。如果只把筆記留在其中一個資料夾中，執行另一個專案時，我就很有可能在另外一個資料夾，漏掉這個任務。

或者，要不然我就乾脆複製成兩個筆記吧？複製成兩則筆記，放進兩個資料夾，這樣就會面臨同步更新的問題！如果在甲專案裡面更新 A 筆記，但是在乙專案的那一種複製的筆記，沒辦法跟著更新，這樣我在執行乙專案的時候，可能就使用到一個過期版本的工作內容，而這會造成很大的問題、很大的麻煩。

所以，在 Evernote 中要分類專案的時候，我不建議使用只能一個蘿蔔一個坑的記事本，要使用 Evernote 的「標籤」。

Evernote「標籤」的最大特性，就是一則任務筆記可以同時標上很多個標籤！意思也就是一則筆記可以加入多個專案分類。

然後我們可以去過濾某個標籤，就可以把包含這個標籤的所有筆記分類出來。

　　如果你對標籤模式還不是很瞭解，你可以想想現在社群上很流行的寫訊息方式。

　　在 Facebook、Instagram、Twitter 這些平臺上，很多人發信息的時候，會在下面加上「#」，作為打卡，例如去臺北 101 看煙火寫了一段心得，訊息下面加上：「# 臺北 101」、「# 勞瑞斯牛排」、「# 新年煙火」。這個用法，其實就是標籤，把這則訊息加入上面這些標籤，以後搜尋這些標籤的朋友，就可以看到你的訊息。其實就是一種訊息分類。

如何在 Evernote 加上標籤分類？

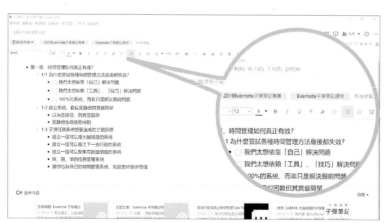

在 Evernote 電腦端軟體的標籤列，可以自由添加多個標籤。這則任務筆記屬於哪幾個專案，就把那幾個專案的標籤加上去。

在手機上，找到「標籤」專屬的圖標，也可以在筆記中添加專案的標籤。

如何在 Evernote 過濾標籤分類？

當任務筆記加上標籤後，Evernote 軟體就會出現像圖中左方的「標籤清單」，點選某個標籤，就能看到分類裡的所有筆記。或者，你可以直接搜尋「標籤名稱」，也能找出相關筆記。

如何命名專案標籤？

用標籤來分類專案，標籤名稱自然就以專案名稱來命名。不過可以加上一個小技巧，就是用專案「年份」當作開頭，這樣一來，要為任務筆記添加標籤時，只要輸入年份，就可以列出該年所有專案標籤，不用自己重新輸入（後者很容易輸入錯誤，造成標籤重複）。

4-3 如何安排目標流程？ Evernote 記事連結應用

　　前面我們利用「標籤」，讓 Evernote 的任務筆記分類可以變得更加有彈性、更加自由，我們不用再煩惱那個任務到底應該放到哪個專門分類好，反正這個任務跟哪些專案有關，我們就把它用標籤分類到那個專業上。到時候我們打開那個專案的標籤分類，就會看到我們需要的筆記。

　　但這樣的做還是有一個問題，雖然筆記都會出現在他屬於的專案分類當中了，但一個大型專案常常會有數十則，甚至上百則的任務筆記。

　　例如一個旅行的專案，裡面可能有訂旅館的任務筆記、排行程的任務筆記、機票的任務筆記、購物清單的任務筆記、每一個想參觀的景點任務筆記、預定重要餐廳的任務筆記、旅遊

心得的任務筆記、記賬的任務筆記等等。

這時候當我們打開某一個旅遊專案的分類標籤，有可能看到的是五、六十則以上的筆記資料，這樣有辦法快速找到當下需要的筆記在哪裡嗎？

每一個專案，一則專案管理目錄筆記

如果說現在正在旅途上，我要搭公車轉換到下一個景點，我要趕快找到當初規劃好的公車任務筆記，結果打開這個專案標籤分類，展開在眼前的卻是七、八十則的筆記資料，我要開始從筆記的標題、預覽文字，去慢慢找出到底那一則公車任務筆記在哪裡？這時候我們一定也會覺得還是很麻煩，任務筆記在那個地方沒錯，但是我卻沒辦法很快的找到他。

這時候還可以做什麼進一步整理呢？是不是要再做更進一步的分類呢？

我不建議再進行更多層的分類，因為分類的太多層，就好像你的電腦硬碟裡面十幾層的資料夾一樣，如果你有這樣的經驗，仔細想想，當資料夾很多層，每次要找到一個資料要打開好幾層的資料夾，這是一個節省時間還是一個很花時間的動作

呢？我相信這是一個很花時間的動作。

> 所以我這邊建議的整理是，專案的標籤分類建立好，這就是我們最後一層的分類整理。接下來，我們要利用Evernote的「記事連結」功能來建立每一個專案的目錄，我稱呼這個目錄叫做「專案管理的主筆記」。

我們為每一個專案，多建立一則專案目錄筆記，以後我們就只要在專案目錄主筆記上做管理就好了。就像我們看一本書，先看目錄頁，找出我需要的章節在哪一頁，然後直接翻開，不用一頁頁找。

舉例：如何用目錄筆記管理專案？

回到剛才的旅遊專案也是一樣，雖然裡面有七、八十則不同任務筆記，但是我只要建立一則旅遊目錄管理筆記，就能好好掌控他。

201504_東京日光 ▾

81 則記事

搜尋記事

***201504日本東京日光之旅（兒童節連假）
2018/8/17 經費隨筆：****開級計算表**** 機票訂位：（已訂）Vanilla Air 香草航空機票 日本旅館訂房：（4/1～4/3）上野酒店 Hotels.com 訂房確認 119961328007 - Ueno Hotel - Tokyo - esorhjy@gmail.com - Gmail（4/3～4/4）Hotels.com 訂房確認 121554211447 - 傲酷日光小西飯店 - Nikko - esorhjy@gmail.com -

淺草-日光-中禪寺-湯元　鐵道時刻表
2017/7/18 公車時間 從神橋回去 東武日光到湯元的公車路線圖 東武日光到湯元的來回時刻表

東京・浅草橋駅・[柳橋美家古鮨本店 立喰部] @ ALWAYS捷
2015/9/27 立吞壽司 ALWAYS捷仔 999 號跳到主文 パンとスープとネコ日和が大好きです。認真生活・用力玩耍。只寫開心事。 部落格全站分

沾麵

日光元祖湯波料理：惠比壽

照片 從 Stay at 傲酷日光小西飯店 位於 日光市，栃木縣
2015/4/4 七巧板挑戰

日光・七點半吃早餐
2015/4/3

中禪寺湖桐花日式料理
2015/4/3 很q的蕎麥麵與經典生豆皮 山藥泥生蛋蓋飯美味

日光豆皮之旅
2015/4/3 東武日光炸豆皮饅頭 蕃嚴名物炸豆皮

打開某個旅遊專案標籤，可以看到這次旅行需要的各種任務筆記，都在其中，但我們不要在這堆資料裡面去行動，這樣不一定有效率。

我會建立一則這樣的旅行專案目錄
筆記。裡面每一條筆記連結，都會
連到這次旅行需要的筆記。

於是我把機票、旅館的任務筆記，
連結到這個旅行專案目錄筆記的開
頭，並且剪貼了關鍵資訊，因為這
是旅行中最常查找的。

我在旅行專案目錄筆記中，排出這次旅行的行程，
每一天要前往哪些地點，這時候如果需要參考哪
些交通、地點筆記，一樣連結進來。這樣一來，
我是不是只要看到這則專案目錄筆記，照著目錄
上的規畫行動，就很方便了呢？

如何建立記事連結？

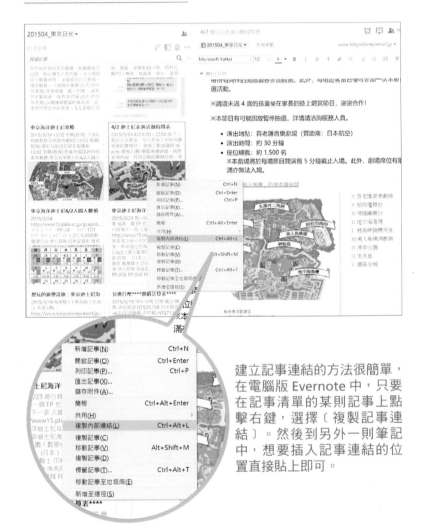

建立記事連結的方法很簡單，在電腦版 Evernote 中，只要在記事清單的某則記事上點擊右鍵，選擇〔複製記事連結〕。然後到另外一則筆記中，想要插入記事連結的位置直接貼上即可。

如何快速建立大量筆記的目錄連結？

像是下面是我的育兒專案中的那一則育兒專案
目錄主筆記。在育兒專案中的寶寶日記、副食
品食譜、嬰兒器材、孩子檢查資料，雖然都是
不同的筆記，但都在這則「育兒專案目錄主筆
記」中有記事連結，我只要照著目錄，就可以
找到所有的資料。

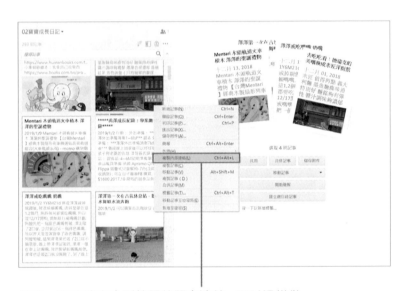

如果一次要建立多則筆記的記事連結，可以這樣做。
在電腦版的 Evernote 中，按住鍵盤〔Ctrl〕，就可
以用滑鼠一次選擇多則筆記，這時候，在多選筆記
的任何一則上點擊右鍵，選擇〔複製記事連結〕，
就可以一次複製貼上多則筆記的超連結了。

4-4　專案的參考資料怎麼處理？

透過前面所說的兩個功能與應用，我們開始將大量的子彈任務筆記，慢慢以專案的視角重新整理，重新歸納。

我們把每一個任務筆記，都利用標籤，關聯到跟它相關的專案目標上。這樣子我在瀏覽任何專案的時候，都可以很看到我需要的任務筆記。

更進一步的，我在每一個專案標籤分類中，再建立一則專案管理的目錄主筆記，透過 Evernote 的記事連結功能，在專案目錄筆記當中以目錄的概念，做好目錄的分類，專案裡的任務與資料就在那一則專案主筆記中建立目錄。目錄會連到每一則筆記，這樣一來真正執行專案的時候，不管它是一個旅遊專案、育兒專案，還是工作上的專案，都只要去看那個專案的目錄主

筆記，就可以找到所有的東西。

把資料放入系統中真的要使用資料的位置

不過，這邊我要延伸解答一個可能有些朋友會產生的疑惑，這本書講到現在，都用時間管理的方式來架構 Evernote 的應用，所以我們聚焦的是任務筆記怎麼拆解、任務筆記如何分類、任務筆記如何建立目錄？

但是一個專案執行的過程當中，一定會出現一些資料，這些資料應該要怎麼辦呢？

例如我要寫一篇文章，我可能會查看一些網頁、閱讀一些書籍，這些資料要不要納入 Evernote 的任務管理系統來整理呢？當然要。

我在規劃一個旅遊專案的時候，除了要產生行動的任務外，我也可能單純需要一些當地景點的介紹文章，這些參考資料要不要也放進 Evernote 的任務管理系統來管理呢？當然也要。

尤其這些資料型的內容，有時候不一定可以直接剪貼到任務筆記底下，這有可能會讓那個任務筆記變得太龐大、難以編

輯。也有可能就像前面說的，同一個資料，會在不同的任務裡面被用到，這時候剪貼到特定任務筆記裡面同樣會有問題。

　　所以這時候怎麼做呢？利用 Evernote 的這個管理系統，可以創造下面這樣的一個系統管理工作流程：

● 第一步，善用Evernote各式各樣的剪貼資料功能，把資料用最短的時間，快速的丟入Evernote的管理系統當中。（Evernote作為資料庫、知識庫的剪貼功能，可以參考我的另一本著作《Evernote 100個做筆記的好方法》）

● 第二步，剪貼資料的當下，就要立即思考這個資料哪些專案會用得到？然後立即加上那些專案的標籤，這樣一來，以後打開那個專案分類，就會看到那個資料。

● 第三步，有時間的時候，利用記事連結的功能，把剪貼的資料，連結到派得上用場的任務筆記的某一個行動上，或者連結到專案管理的主目錄筆記的某一個派得上用場的清單上。

　　善用 Evernote 的快速剪貼、快速標籤，以及連結整理，那麼這些資料性內容放進系統後，就不會一團混亂，就會在我們

需要它的時候，看到、找到、用到那個需要的資料。

關鍵就跟時間管理的概念一樣，我們必須把需要的資料，排入系統當中，放進系統已經預先安排好的、會用得到的那個資料位置上。

只有建立一套這樣的邏輯，才是一個更輕鬆更準確的管理方法。

一則資料筆記，建立時，我就會思考這是哪些專案用得到的？然後添加這些專案的標籤，放入那個專案的分類中。

接著打開那些專案的目錄主筆記，看看這則資料應該放入專案流程的哪個位置中？在哪個步驟用得到？就把記事連結插入。

第五章

如何讓這個專案系統不會有遺漏？

5-1 記得「排程」，讓任務、行動出現在該出現的位置

經過了前面四個章節的演練，我們現在建立了一個可以聚焦在專案上，用專案視角去管理所有龐雜任務、行動的系統。

就像我前面提到的，就算 Evernote 中有 10000 多則的筆記，但經過不斷的收斂之後，我就會知道，這系統中其實我真正需要掌控的，只是那目前正在推進的 20 多則專案主目錄筆記而已。

一萬多則筆記，對比20幾則專案筆記。就可以看到這個系統如何有效的幫助我們以身為一個人，真的可以做得到的管理方式，去掌控自己的任務，真正有效的推進你的目標，而且就像本書書

名所說，真正幫助大腦減壓。

　　而在接下來這個章節，主要讓我們來為這些系統再做一點修補，把它修補成一個相對來說不會遺漏的時間管理系統。

那個你一定會看到那個行動的位置

　　對應我們在第二章提到的時間管理系統需要的功能，這邊我們首先需要補上的就是排程。

每一個專案裡面，有非常多要完成的任務與行動，我們同一時間常常同時進行著多個專案，在這種情況下，我怎麼確保自己不會漏掉某個專案的某個任務底下的某一個可能要做的行動呢？這時最好的提醒是什麼，就是把這個行動擺在我做到某步驟就一定會看到他的位置。

有什麼是我一定會看某個行動的位置呢？其實很簡單，就是在我們這個系統裡，那一則專案主目錄筆記所排出來的，屬於那個行動的最佳位置。

因為我們一定會照著專案主目錄來推進每一個專案，當我們照著專案組目錄上面的結構，一步一步的去完成我們排好的行動，當前面的行動完成，自然就會在這個流程清單上看到下一個我必須要做的行動，這就是排程的意義。

而我們要做的很簡單，就是兩個步驟：

● 第一個步驟，不只是建立專案主目錄，並且進一步用排程概念去調整目錄的順序，你的目錄順序，應該就是你覺得要如何推進這個專案的任務前後次序。

● 第二個步驟，就是當有任何新的任務、新的行動出現的時候，不要把它丟在隨便的位置上，我要把這個新出現的任務和行動，擺在我們原本已經有的那個專案主目錄，以及目錄排程中他真正應該在的那個位置上。

排程就是這麼簡單，最核心的關鍵就是我必須要把專案的

位置準備好。

　　就像在整理家居的時候，如果可以設定好家裡所有東西應該擺放的位置，那麼當出現了新的東西，或是不小心被亂丟的東西，我會知道那個東西應該回到哪一個唯一正確的位置上，而以後我就一定會在那個地方找到那個東西，並且不容易恢復雜亂的狀態。

> **時間管理也是一樣。我們要建立系統的目的，就是要先把位置設定好，讓專案都有一個專案主目錄，每個專案主目錄上就是所有的任務、行動應該擺放的位置。當這個架構設定好了，任何新的任務和行動出現的時候，我們只做一件事情，就是把它擺進專案主目錄的正確位置上。**

　　這樣一來，我就不用怕忘記要做什麼事，我只要照著排程去行動就可以了。

[新書專案]發排送印流程 範本

07工作封存 ▼　　範本　　辦公室行政流程　新增標籤...　　　　about:blank ▼　1分鐘前 ▼

Microsoft YaHei ▼　12 ▼　a ▼　B　I　U　T　✐　( )　☰　☰　☑　☰ ▼

與1人共用・在1則對話被提到。

☐ 如果有附加商品的書，封面應該要製作成有附加商品的說明

☐ **書籍額外採購時的處理：** [以後有額外採購時的請款方式]將空拍機專案資料中止：專案2AB530G

三、新書ERP行政流程

☐ 給作者看合約：合約最新範本 版稅 【範本】著作出版授權契約

☐ 合約簽訂與簽簡中授權書（FW: 重要：本土出版合約要加簽一份簡中授權書）（各位同仁：對外合作案的注意事項）

☐ 合約用印 （合約送審流程）

☐ 寄回合約給作者（留影印檔）

☐ 新增作者資料（作者資料：建檔需要的資料）

☐ 損益試算表（確認編輯部門）（使用首刷全部的量試算）新書損益試算新版規則

☐ 建立新書專案（確認編輯部門）

☐ 合約建檔（加上低價出清級距）（2. ERP-版稅模組教學.doc）要注意：ERP實體書、電子書授權維護填寫注意

☐ 書號申請（新書資料現在要用「編輯器」編輯並存擋：新書簡介資料要用ERP 內的「編輯器」功能新增）（到新書資料確認「最終書名」，Z:\新書時程表）

☐ 建立預購品的書號申請，如果有附加商品的，書號文案說明要一開始就凸顯附加商品（上線宣導）通路新書預購報價流程）

☐ 申請電子書書號（FW: 請各編輯今天在ERP建立電子書書號）

字詞：134　字元：1,842　大小：24.2 KB

我的工作專案上面有非常多的行政步驟，同樣的在專案的主目錄筆記上，我會排出每一個行政任務的流程清單，每個項目的後面則連結到那個行政任務的任務筆記，這樣一來，即使行政流程再繁瑣，反正我就是照著這個流程清單，一步一步的把它做好，就不怕會漏掉什麼步驟了。

在我最前面提到的那個解決搬家煩惱的故事中，我其實也就是建立一個搬家專案的專案主筆記，這樣一來，搬家所有需要的任務行動流程都會在那這主筆記的排序中，這時候就算有什麼臨時的任務出現，例如忽然需要買一個什麼家具，反正就是把它列入專案排程中該看到的位置上，這樣一來也可以大幅的卸下壓力，反正就是照著步驟完成就好。

5-2 加上「提醒」，如何讓時間提醒真的有效？

建立一個排程的專案管理系統之後，你還是可以補上一個時間管理工具常見的功能，就是時間提醒。

確實有些事情就是要在某一個特定的時間點開始做，有些事情就是要在某一個特定的時間點完成，所以這些事情既不需要現在開始做，但是又需要在那個特定時間點到達的時候、或者是之前，記得去展開行動。

而我們的大腦，當然絕對記不住那個時間點，不可能在未來的某個時間點去提醒我該開始去做什麼事情。所以我必須依靠一個外在的時間提醒系統。

Evernote 就跟大多數時間管理工具一樣，也有筆記的時間提醒功能，可以為每一則任務筆記設定一個時間提醒。

什麼是無效、有效的時間提醒？

不過，我們前面也有提到，時間提醒常常無效。尤其是提醒我們幾點幾分要去做什麼事情的時間提醒，失效的可能性最大。舉例來說，我想提醒自己，明天下午兩點用來寫文章，於是到 Evernote 設定寫文章的任務筆記在明天下午兩點談出通知，這種思考下的提醒，無效的原因是我並不確定明天下午兩點是不是真的有空，可以去完成寫文章這件事情。

但是，有無效的時間提醒，也有有效的時間提醒，什麼樣的時間提醒是有效的呢？

我認為是這樣子的，假設六月一號我要進行一個時間管理課程，我建立了一則時間管理課程的任務，拆解出準備這個課程的行動，發現有十幾個準備行動必須要完成，我預估大概需要兩個禮拜的時間來一一執行這些行動，於是，我把那一則時間管理課程的任務筆記，設定一個五月十五號的提醒。

這樣提醒的用意是，讓他在五月十五號的時候彈出來，提醒我，我該開始採取這個任務裡面的某些行動了！

而在這個提醒底下，我還有充裕的時間去慢慢安排行動。

在這個提醒底下，不是叫我當下就去做某件事情，這個提

醒的用意只是告訴我有某一件即將到達的事情，而根據我們之前的任務拆解，我必須現在開始進行他的準備動作，這樣子那個時間點到達的時候，我的任務和專案才能相對容易的準時完成。

也就是說，我認為有效的提醒，不是當下要做什麼的提醒，而是什麼時間點應該開始做準備的提醒！

Evernote 筆記的上方，都可以找到明顯的「時間提醒」按紐，點擊這顆按紐，就可以設定一個提醒日期與時間。

而我建議的時間提醒設定，就是決定這個任務筆記「應該什麼時候開始準備」，然後把那個準備時間變成提醒時間。

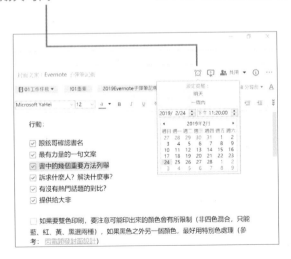

而 Evernote 時間提醒最棒的設計，不是在他會彈出通知，而是當任務筆記的提醒到期後，會在 Evernote 的記事清單上方，出現一排「提醒事項」的清單，所有到期的任務筆記都出現在這份清單上。這個意思，就是告訴我，這些任務是我現在開始要採取行動、要做準備的任務。

5-3 這會是一個怎麼樣的專案管理流程？

演練到了這邊，我們應該已經可以在 Evernote 當中，建立一個非常嚴謹，但是其實也很好控管的時間管理系統了！

讓我們來回顧一下，在這個系統開始建構的過程最初，我畫了一張管理系統的流程圖，現在我們已經把這個流程圖需要的每一個環節建構完成了！

最終，這個專案管理系統，可以幫助我們創造下面這樣子的工作流程。就讓我用這個實際的體驗心得分享，作為這套系統的一個階段性的總結。

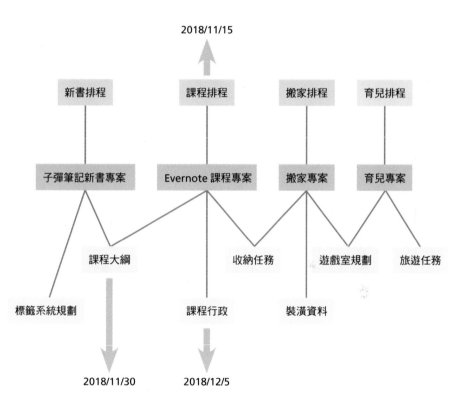

我每天打開自己的時間管理系統，看到的不會是最底層那些雜亂的任務、行動，或者是資料。

我在這個時間管理系統，將會幫助我看到的是，那個系統最頂端，少數聚焦的專案主目錄筆記。

而且，我不用擔心那些不在視野中的其他東西。因為我知道，我的系統建構的很完整，相對沒有漏洞，所以我只要關注這少數幾則的專案主目錄筆記。基本上，事情就八九不離十。

就算會漏掉一些事情，那一定也是不重要的事情，所以他們才沒有出現在那些最重要的專案主目錄筆記上面。

有時候，我會需要一些來自於過去的時間提醒，當那些需要提醒的時間到達的時候，我的系統也會告訴我，讓我知道現在應該開始推進哪個專案的準備動作、應該開始展開哪一個任務的相關行動。

並且，我的系統會幫我留下充裕的時間，主動告訴我現在開始有哪些行動應該要去執行。

所以我要做的很簡單，就是每天打開我的系統，相信我的系統，執行系統最頂端推進到我眼前的，那些少數聚焦的專案、任務與行動。

第六章

如何幫時間管理
系統最佳化

6-1 我們可以掌控的是目標選擇與時間情境

經過前面五個章節的架構，我們打造了一套金字塔一樣的專案管理系統，把事情都一一的安排到這個系統當中，並且建立了一套相對自動化的流程，可以幫助我們把該做的事情，以某種流程的設計自動呈現在我們的眼前，讓我專注聚焦的去推動真正要做的行動。

已經打造出這樣的系統了，還有沒有什麼可以進一步優化的空間呢？

讓我們回到我常常講的那個時間管理基本觀念，我們想做、要做、該做的事情，永遠多於我真正可以用來執行的時間。所以任何的時間管理系統

都不是把事情擺上去就結束了，最終依然必須要
做出我的選擇。

事實上，有時候現實的環境是不可控的，會出現多少數量
的專案跟任務，我們也很難在工作上自己全權決定，有些意外
也不是我們自己可以完全控管的。這時候，在一個更進階的時
間管理系統裡面，我們應該要做的，其實不是管理那些專案、
任務跟行動，而是管理我到底要怎麼做選擇？

我真正可以掌控的是什麼呢？從這張圖來看，我真正可以
掌控的只有兩件事情：

● 第一件事，是我為自己勇敢作出的目標選擇。

● 第二件事，是我在各種時間情境下，決定採取什麼行動。

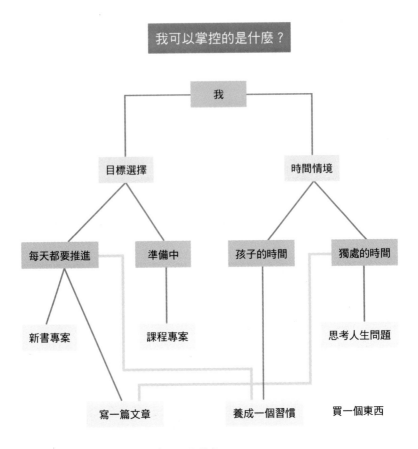

處理一件瑣事

無論底下的專案、任務再怎麼混亂，再怎麼有意外，最終所有的路線歸結到我這個執行者身上的時候，我能夠做的，就是做出我的目標選擇，以及我的時間情境選擇。

時間管理的價值其實不是在預排出完美的時間表，而是一句很簡單的話：「就是去做這個時間最適合做的事，並且逐步的走在自己的目標上面。」

時間管理系統其實是一個自我選擇系統，接下來這個章節，我要搭配 Evernote 功能，試試看在這個系統當中，有沒有辦法幫助我做出這樣子的自我選擇。

6-2 真正需要的整理是：什麼重要？如何行動？

前一段我們提到了，在時間管理系統的最後階段，真正要做的整理，其實就是兩種選擇：

● 第一種，選擇到底什麼是重要的。

● 第二種，選擇我現在應該如何行動。

所以其實這也回推到我們要怎麼整理管理任務，一個最有效的專案管理，不會只是在分類，不會只是結束在排程，而是要能延伸到可以做出上述兩種選擇。

讓我從自己利用 Evernote 建構的時間管理系統，舉兩個相

對生活化的例子，來跟大家實際示範一下，我如何在這樣子的
工具上，進行我的重要性選擇，以及行動選擇。

如何做出有效的目標重要性選擇？

我們常常很難判斷什麼事情重要，一個關鍵的原因，在於我們沒有把「重要」，當作一種進度流程來思考。

這是什麼意思呢？比如說，我有兩個專案，一個專案還正
在跟客戶討論想法的階段，另外一個專案產品已經有了完整構
想，正在緊鑼密鼓的製作中。請問，這兩個專案哪一個比較重
要？應該是那個進入可以製作的專案，是相對重要的目標選擇。

如果把事情用進度流程的角度來思考，那麼判斷重要性，
會變成一件相對簡單的事情。

那麼 Evernote 中，可以把專案任務納入這樣的進度流程來
管理嗎？可以的。

讓我舉個例子，我自己有一套稱呼為：「購物欲望清單」的管理方式。首先，我把所有想要買的東西都建立一個一個任務筆記。接著，我利用 Evernote 的標籤功能，設計出三個進度流程標籤：

- 第一個進度叫做：想要，表示這個購物任務還在思考產品的優缺點，還在決定我的需求點，還在判斷的階段。

- 第二個進度叫做：需要，已經進入了確認要購買的階段，只是要等待一個適合購買的時機點。例如我想獎勵自己的時候。

- 第三個進度叫做：滿足，表示這個任務已經進入了完成階段，而我需要偶爾檢驗一下，那個已經購買的東西是否實用？有沒有什麼心得？下次如何判斷比較好？

當我為自己的購物清單做出這樣子的流程判斷。我發現，就可以很清楚的選擇出重要的東西是什麼。當我想獎勵自己的時候，我就排除那些額外的干擾，直接打開我的「需要標籤」，去購買那些我已經判斷好，真正值得購買的東西。

另外一方面，放在「想要標籤」的那些筆記，我也可以一定程度卸下還沒買他們的渴望，偶爾上去檢查一下，思考一下上面的東西是否真的值得我購買。如果最後判斷不值得，可以把這個任務筆記刪掉。如果最後決定值得，就把想要的標籤去掉，換上需要的標籤。那麼，等到真正要買東西的時候，又以去購買那些真正判斷為重要的東西。

這其實就是用進度思考，來取代重要性思考。

如何讓自己知道什麼時候應該推進什麼任務？

尤其，這些所謂的什麼時候，指得不是時間，而是各種情境適合做什麼事情。

同樣的，我來舉一個自己真實的例子，看看我的如何利用 Evernote 的標籤功能，設計出我的選擇情境，來幫助我把某個生活中的專案處理得更好。

我在 Evernote 當中收集了非常多餐廳筆記，這些餐廳筆記收集的目的，是為了跟老婆約會、跟孩子一起吃飯的時候，可以去享受更多的美食。

這個專案，也利用我前面的系統整體邏輯，已經整理好了專案、任務、行動的層次，接下來，我需要做的是最終的選擇判斷：什麼時候，我要是跟老婆和孩子去吃哪一間餐廳呢？

這時候我在 Evernote 的標籤系統中，建立了下面這樣子的標籤（只列出一部份來解釋）：

- 重要日子

- 值得再吃

- 親子餐廳

- 牛排館

這樣的標籤分類，看起來好像沒有邏輯，但是對我來說它背後有我自己為他設定的邏輯，那個邏輯就叫做：「我要如何採取行動？」

在做這個標籤分類的時候，我的思考點不是餐廳本身的屬性，而是我在思考，我想要在什麼情境採取什麼行動？

- 等我和老婆重要紀念日的時候，可以去吃哪些有紀念意義的餐廳？

- 和朋友聚餐的時候，可以推薦他們什麼好吃的餐廳？

- 等我要帶小朋友週末出遊的時候，可吃什麼美食？

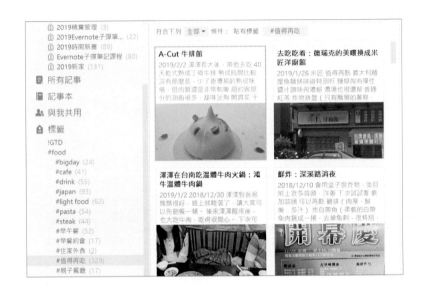

● 我和老婆都非常喜歡吃牛排，還有哪些牛排餐廳是我們沒有
挑戰過的，下次我想挑戰的時候可以去嘗鮮？

　　我是先思考清楚上述我想要去做的行動邏輯，然後用這樣
的行動邏輯去設計我的分類標籤。

　　這樣的標籤，就不是一個單純的分類，而是可以透過標籤
來指引我應該如何行動。

6-3　情境標籤一：建立工作流程優先權重與進度

　　有時候當我們排出像是這樣的時間表：「明天早上 10 點要寫文章，早上 11 點寫企劃，下午 2 點跑報表，下午 4 點製作簡報」，但是常常發現計畫趕不上變化，永遠無法照著計畫執行，這是出了什麼問題呢？

　　時間，本來就是充滿了變動。原本以為早上 10 點可以寫文章，但是如果客戶一通電話過來，寫文章的想法與心情就全部泡湯。而當一個時間點有了變動，後面的時間計畫就要跟著變動。於是就變成永遠無法按照時間表執行，甚至最後因為一團混亂，什麼計畫都沒執行。

　　老實說，除了那些約好了不會變動，一定要在某個時間與地點執行的「會議」、「約會」，例如早上 11 點要去會議室開

會，或是買了下午 4 點的電影票，要不然其他任務，都不適合用時間表來安排。

最好的行動，是根據情境來行動

歸結原因，排了計畫變成只是打擊自己，排了計畫只是製造混亂，是因為時間背後的情境變來變去，本來排好的時間到了，可能情境不是我們所預想的，於是在不適合的情況下就不想做事、無法做事，或是做了事也是效率低。

那要怎麼解決呢？解決辦法就是：不要讓自己根據「時間」來做事，而是根據「情境」來做事。

讓自己在適合的情境，優先去做適合的事情，這樣動力最高，效率也最高。

有了前面兩篇文章的基礎之後，我們知道在 Evernote 建構的這個子彈任務管理系統中，如果我們想要做出有效的重要目標選擇，以及有效的行動情境選擇，我們可以善用 Evernote「標

籤」的功能。

我們可以利用 Evernote 標籤，為自己的時間管理系統，設計出各種不同的情境

案例：我如何設計專案選擇的情境標籤？

首先，我們可以為自己的時間管理系統，設計出目標選擇的進度標籤，幫助我們很快的過濾出那些每天都應該要看到的目標在哪裡。

接下來，我跟大家分享我的具體做法，你可以參考我的設計概念，修改成你需要的目標管理情境標籤。

以我的工作型態來說，我的專案有三個主要的進度，我分別為這三個進度設計出了：重要、追蹤、計畫三個標籤。

重要標籤，那些最近幾個月截止日就要到的專案，或是我判斷為目前這個階段對我來說最重要的人生專案，我就把他的專案筆記，加上重要這個標籤。

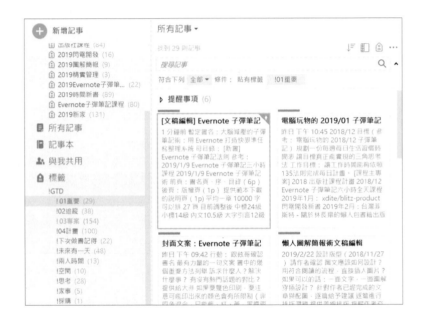

這樣做的好處是，我每天只要打開重要標籤，裡面出現的專案，就是我真正應該關注的專案。換句話說，我只要能夠掌握重要標籤裡面的筆記，我的工作進度也大概就八九不離十。

為什麼我的重要標籤裡面的筆記，可以只有 20 幾則呢？這就要歸功於前面的整理系統，讓我不需要把那些零散的任務筆記也加上重要標籤，唯一會被我加上重要標籤的，一定是某個專案的「專案管理主目錄筆記」。

以少馭多，在少數專案中，又把真正重要的，加上標籤來判別。那麼，我們就可以很快的聚焦在有效的目標管理上。

計畫標籤，另外還有個進度是計畫，有很多專案八字還沒一撇，是構思階段。有些專案，還正在準備中，還沒排出真正的專案進度時程。我就加上計劃的標籤。

這些專案也需要偶爾推動一下進度，但是他們還在計畫中，我不需要每天都關注他們，也不需要花上最大的精力，那麼就把這些專案加上計畫的標籤，提醒我偶爾關注一下，看看可不可以多推進一些準備的進度。

追蹤標籤，有些事情已經完成了，但是偶爾也要追蹤一下他後續延伸的效益、成果，這是我工作上需要管理的一種流程，我就把這些任務筆記和專案筆記，加上追蹤的標籤。

因為他們可能沒有特定的時間指定我去回顧，而是我自己覺得隔一段時間需要回顧一下，那麼這個追蹤的標籤，會提醒我隔一段時間，或許幾個禮拜、或許一兩個月，就看一下追蹤標籤裡面的東西，看看有沒有任務需要再次關照提醒一下。

案例：我如何設計寫作專案的情境標籤？

再舉個例子，部落格寫作是我十多年來一直維持的個人目標，我為這樣的寫作專案，設計了三種情境標籤，這三個標籤分別是：測試、思考、撰寫。

我在 Evernote 系統中，收集了非常多想寫的文章題材，每一則文章筆記，都是一個獨立的寫作任務，但是這些寫作任務其實有一些情境、進度的差別。

什麼是測試標籤？其中有些寫作任務，包含一個我很想測試看看的工具，或者很想測試看看的方法，但是要測試就必須要有可以測試的時間與情境。

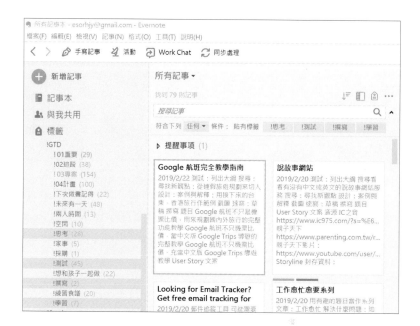

什麼是思考標籤？有些寫作任務，是我正在構思的某個方法論難題，或是正在構思的某種工作問題解法，這些任務需要的是在適合思考的情境，去想出解決這些難題的方法。

什麼是撰寫標籤？然後其中有少數的寫作任務，可能已經測試出我想要的某些功能，我可能也把

> **大致上的方法流程思考通順，這時候這些寫作任務，其實進入了最後撰寫完成的階段。**

我就把上述三種目標選擇的情境，設計成測試、思考、撰寫三個標籤。相應的寫作任務，就加上適合她的標籤，幫助作出很有效的判斷。

當我在通勤、搭捷運的時候，適合單純動腦思考，這時我就打開思考的標籤，看看有沒有哪些寫作任務正適合現在拿出來思考一下，例如我卡關的某個問題點。

當我在咖啡館有一個使用電腦的空檔，正好適合做一些比較需要操作的測試，那我就可以打開測試的標籤，把那些很想要測試看看的工具、方法的任務筆記拿出來，利用這個情境趕快測試一下。

等我來到了每天撰寫文章的時間，我想知道有哪些文章可以在今天完成。這時候，我就打開撰寫的標籤，他會告訴我，哪些文章接近完成了？我可以利用今天的時間、現在這個情境，一鼓作氣把這個任務完成，為每一天創造更多真正完成的成果。

6-4　情境標籤二：設計你的空檔時間與行動情境

你沒辦法計畫空檔時間，但可以設計他！

對生活不滿意，感覺時間無法自己掌控，想要實現的計畫沒有進展，工作、家庭與個人時間混亂與迷茫，卻常常在假日、夜晚讓時間不知不覺流逝而懊悔。

如果有上述的問題，或許可以試試看這樣的解決辦法：

● 時間無法百分之百掌控，那麼可以掌控幾種基本情境。

● 對生活不滿意，那麼嘗試把目標選擇，放入專案流程中。

● 時間不知不覺流逝，所以更應該事先設定好利用方式。

時間或許每天都會有一些意外、變動，例如我可能今天九點才吃早餐，但平常七點就會用餐。但從更大的視野來看，「每天吃早餐」則是一個相對穩定，並且可以由我掌控的情境。

我們或許無法排出精細而不變動的時間表，但可以規劃好基本的生活與工作流程。

而對生活、工作感到不滿意或迷茫，可能一個關鍵的原因在於，我們並沒有把真正的目標放入這些空檔流程中，不是放不進去，而是沒有嘗試將它們放入。

於是，當各種可以利用的情境出現時，我們可能一時之間不知道應該優先做什麼，於是就在一些次要、無關緊要的事情上把時間打發掉了。

要實現計畫，尤其是個人想追求的計畫，其實就是讓這樣的計畫，真正落實在我們每一天的空檔時間利用中。

而規劃方法在於三個重點：

● 掌控好自己生活、工作的基本流程與情境。

● 把目標放入這樣的流程與情境中。

● 為必定出現的流程與情境，規劃好利用方式。

我就是從這樣的概念出發，在 Evernote 的時間管理系統中，利用「標籤」設計出可以利用的情境空檔。

第一步，列出自己日常生活中的情境清單：

不使用 24 小時的時間，而是改成真實出現的各種情境。

例如我仔細評估後，自己日常生活大概可以歸納出下面這些情境：

- 早起時刻（通常只有我一個人）

- 早餐時間（通常是和老婆兩人約會）

- 工作（正常上班時間）

- 午休（中午用餐與自己可運用時間）

- 通勤（搭車又可自己利用的時間）

- 晚餐（回家與老婆孩子用餐時刻）

- 家人（陪伴家人時刻）

- 睡前（孩子睡著後的部分時間）

　　這些情境出現的時間，可能每天都有變動，也可能偶爾某一天會少掉某個情境，但大致上來說，這些都是日常循環出現的穩固情境，甚至他們出現的順序也有規律。

　　你的情境，當然會跟我不一樣。

　　但你可以利用上述思考方法，來找出自己的情境流程表。

第二步，把空檔情境結合目標，設計出情境標籤：

透過了這樣的規劃與思考，我也歸納出自己生活中常常可以利用的一些空檔情境。

接著，把它跟我的長期目標結合在一起，我為自己設計出一些專用情境標籤，也提供給大家參考。

「個人空閒」情境，把我想在一個人空檔出現時做的任務放入，可能是玩一個遊戲。這樣當這種情境出現時，立刻打開這個情境分類下的任務，就知道可以優先執行甚麼。

「兩人時間」情境，把我想和老婆一起看的電影、一起討論的話題放入，當出現這樣的情境時，就優先執行這樣的任務。

「想和孩子一起做」情境，把想要帶孩子一起去的餐廳、遊樂園，或是想跟孩子一起讀的書，或是想跟孩子一起練習的事情，放入這個任務情境，當出現適合情境時，就優先執行這樣的事情。

我們很難為上述任務安排好明確的時間，但或許可以安排好情境，這樣時候對了，就可以去做對的事。

6-5　利用 Evernote 建立任務的「自動透視」

當我們建立了前述的情境標籤系統後，我們還可以進一步善用 Evernote 的「搜尋」功能，快速呼叫出某類情境下，我們可以執行的相關任務。

可以把「透視」理解為檢視工作的「不同視野」。而自動透視，就是可以自動地幫我們切換需要的不同工作視野。

利用「透視」，我可以：

● 直接篩選出今天在辦公室可以執行的下一步行動。

● 還是篩選出休閒時可以做的事。

● 也可以篩選出我可以立即進行的寫作任務。

聚焦在某個情境、某個需求下我所需要的任務，而其他任務先暫時隱藏起來。這就是不同的工作視野，也就是透視。

這也是一種專注、深度工作的有效方法。

而在我個人慣用的時間管理工具：Evernote 中，可以自訂出屬於自己的「透視」效果。

我在辦公室時，應該優先執行的任務

在 Evernote 中，我在公司裏需要執行的任務筆記，都統一放在「01 工作任務」這個記事本中，其中某些特別重要的任務筆記，我則設定了「!01 重要」、「!02 追蹤」、「!04 計畫」等標籤，來標註不同層級、不同流程。

所以我只要利用下面這個搜尋語法：

notebook:01工作任務 any: tag:!01重要 tag:!02追蹤 tag:!04計畫

就能找到在工作任務記事本中，正進入重要、追蹤、或計畫（其中之一）等工作流程的那幾則筆記。而其他次要或參考資料的筆記，就會被過濾掉，不成為干擾。

我把這個搜尋語法儲存下來，命名為：「辦公室優先任務」，放入 Evernote 的捷徑工作列。

這樣一來，每天進入辦公室，打開這個「透視」，就不怕漏掉進度上的關鍵工作。

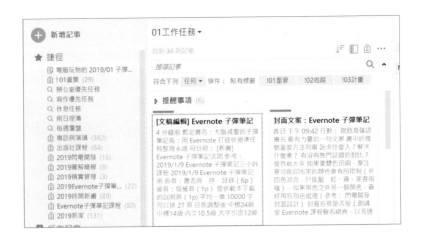

在適合思考的情境，快速聚焦可以使用的寫作素材

我也在 Evernote 中儲存了大量寫作的素材，同時有許多篇正在進行中的文章大綱、測試、構思，以及撰寫到一半的內容，每一篇文章筆記，我也會用〔思考〕、〔測試〕、〔學習〕、〔撰寫〕等標籤來標註他們不同的流程。

所以我就使用了下面這個搜尋語法，將這個搜尋語法儲存下來，命名為「寫作優先任務」：

any: tag:!思考 tag:!測試 tag:!撰寫 tag:!學習

意思是所有正在思考中，或是正在測試中，或正在撰寫中，或正在學習中的文章題材，都一次找出來讓我選擇。而其他還沒有進入流程的文章筆記與素材，就先過濾掉，不構成干擾。

當我遇上空檔，準備推進某篇文章進度時，當下想要找一篇最想寫的文章，我就會利用這個「寫作優先任務」的透視，直接聚焦在我可以推進的文章進度上。

當進入休息情境，可以執行哪些任務？

我除了研究工作效率的提升外，也很注重自己休息時間的品質提升，注意生活習慣、保護家人時間，也珍惜自己真正的休息時間。

所以我為自己的各種休息情境安排了各種任務，可能是陪伴孩子的任務，可能是和老婆的休閒娛樂，可能是我自己喜愛的遊戲，或是我想練習的食譜，我想看的書。

於是我設計了下面這樣的搜尋語法，將其儲存為「休息任務」：

any: tag:!想和孩子一起做 tag:$02需要 tag:!兩人時間 tag:!空閒 tag:!練習食譜

當我可以運用的休息時間出現，我就打開這個透視，挑選一個最適合當下，最符合當時心情的任務，將其執行。

Evernote 有強大的搜尋功能，各式各樣的搜尋語法。善加利用，其實就是建立起自己的透視視野，可以快速篩選出需要的特殊筆記，來滿足自己當下的專注工作需求。

6-6 收集箱與記事本，如何應用在任務管理？

前面在整理時，我都是利用「標籤」，來進行 Evernote 子彈任務系統中的專案、情境分類。

那麼，Evernote 中的「記事本」分類要用來幹嘛呢？其實也是一樣的道理，就我個人的經驗來看，記事本最好的用法不是用來分類，而是用來管理。

分類和管理是不同的，「分類」是說我們幫任務與資料找一個存放位置，方便以後找到。「管理」卻是我們建立一個可以順暢工作的流程，一個高效率的作業情境。

這篇文章，就要跟大家揭開我目前完整的 Evernote 記事本管理架構，我個人可以說只用了「八本記事本」，來管理所有的個人筆記。其他多出來的分類記事本，則是為了跟工作同事和家人朋友共用，而不得不區分出來的（因為共用記事本的基礎是要先分類出一個記事本）。

先來看看我的完整記事本架構。

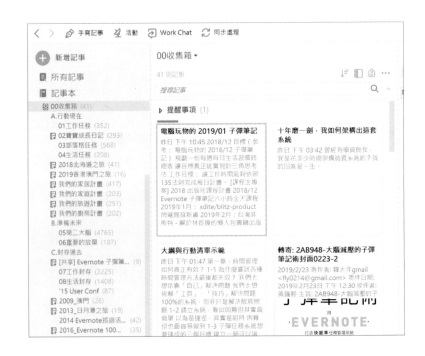

你可以先看到我把記事本歸類為三大堆疊：

● 行動現在：執行中與準備執行的任務筆記

● 準備未來：資料庫，未來會用到的參考知識

● 封存過去：執行完成的任務筆記

　　然後我個人主要的記事本其實就是 8 個，依序放在上面三大堆疊中：

● 00收集箱：剛收集到的新任務還不知道放到哪個流程好，或還沒讀而想要稍後閱讀的資料，都先放在收集箱，還有我的「每月子彈筆記任務清單」也放在收集箱。

● 01工作任務：所有執行中與準備執行的工作任務筆記，例如某幾本新書專案的所有任務，辦公室行政流程上的個別任務，準備公司開會的筆記等。

● 02生活任務：所有執行中與準備執行的生活任務筆記，例如

我的沖泡咖啡研究，我的旅行計畫，我的運動健身計畫，我想吃的餐廳我想去的景點等。

- 03部落格任務：所有執行中與準備執行的部落格任務，包含所有待寫的文章主題，所有講座課程的規劃。

- 04第二大腦：所有工作上或生活中的參考性資料都放在這裡，包含某本書需要的參考資料（而非任務），所有靈感與心情記錄筆記，所有讀書與電影心得，所有部落格完成後的文章草稿大綱也放在這裡。也就是所有跟未來「刺激靈感」和「連結知識」有關的資料都放在第二大腦。

- 05重要的放棄：所有必須停止或失敗的重要專案筆記，放在這裡。

- 06工作封存：所有在「01工作任務」完成的筆記移到這裡。

- 07生活封存：所有在「02生活任務」完成的筆記移到這裡。

　　至於你看到圖中的其他記事本，都是「我和他人合作共用」的記事本，例如一起進行某本新書專案，一起規劃旅行。Evernote 是小型合作非常便利的任務與資料共享工具，但為了共用合作，只好分出記事本。

　　要不然，我自己的記事本就是上面這 8 個！用最少的記事本就能完成高效率「管理」。

同樣用「行動情境」來設計記事本

　　我們先把觀念轉過來，Evernote 是很好的專案管理與人生管理工具，所以不要一直執著在「分類」，我一直追求的都不是所謂的最佳分類法，而是「最佳管理法」。

東西有沒有放在整齊的位置不重要，資料有沒有嚴謹的分類不重要，那重要的是什麼？重要的是我的整理有沒有辦法「引導我去行動」，指引我提升工作與人生的方向？建立未來的順暢行動流程？

　　所以我的那 8 個記事本是如何思考的呢？其實就是根據我的工作與人生的「行動情境」來建立！

我的情境無非就是要在辦公室上班，要照顧家庭生活，要推動我個人的夢想（部落格），既然如此，其實我只需要三種記事本：「工作，生活與部落格」，當我到辦公時只要打開「工作任務」記事本就能完成所有工作。當我回到家裡或週末時專心打開「生活任務」記事本來完成任務。當我每天早起後就是打開「部落格任務」來寫一篇文章或準備講座，這樣是不是更專注？

只是說任務會分成未完成與已經完成，所以當「工作任務」裡的任務完成了，就把筆記移動到「工作封存」記事本即可，於是有了對應的封存記事本。

至於「第二大腦」與「重要的放棄」，那是因為會有很多參考性資料，非任務的零散想法與心得，這時候需要一個「第二大腦」幫忙儲存，以後才能從中激發靈感。

而「重要的放棄」是因為人生中一定有些現在怎樣都無法完成的事情，那就先放到未來，有一天準備好了再來完成。

行動情境最精確，是待辦清單，也是專案管理流程

你可能會問，難道不用根據每個專案來分類記事本嗎？全部混在一個「工作任務」記事本好嗎？當然不用，因為專案的部分，我們已經利用「標籤」做好分類，而標籤更適合來分類需要彈性的專案。

而記事本以「行動情境」來做，最概括，但其實也是「最精確」的區分。可以讓任務、專案筆記，很容易地擺入某個明確的記事本中。

因為我的每一天，一定是可以很好的切割成工作、生活與部落格三大情境，因為我就是會出現在三個不同的地方。那麼，其實只要知道我在某個地方或時段，該做什麼事情就好，例如到辦公室，只要打開「工作任務」記事本，就可以完成所有工作。

這樣是不是更精確？絕對不會有不知道筆記應該放到哪個記事本的情況，因為我們自己可以決定，也應該自己決定：「我要在哪種情境完成這則筆記任務？」

是要在辦公室完成？書房寫部落格？還是未來的
參考資料？就放入相應的情境記事本。

　　這時候情境記事本其實就是我們的「錦囊」，進入該工作
情境時打開這個錦囊，裡面就是準備執行的「待辦清單」，我
只要專注完成它們即可。

第七章

最終選擇，每週每日
子彈行動清單

7-1　如何一次排出每週子彈行動清單？

在前面六個章節完成時間管理系統的最佳化之後，其實這個系統已經可以幫助我們每一天，甚至每一個情境，都能很快地聚焦在最佳行動上面。

利用這個系統，我們就能知道這個當下有哪些應該專注的專案。並且我會知道這個專案排程中接下來要執行的任務。接著我也會找到這個任務當中，這個當下立即可以採取的行動是什麼。

這些時間管理系統當中最重要的事情，其實在前面六個章節的系統中，已經可以實現了。

額外列出每週行動清單可以帶來的好處

即使如上所述，但我確實會建議，應該提前列出每週的子彈行動清單，把每週子彈行動清單獨立一則筆記，當作最核心的專案指導原則。

我的習慣是，在禮拜天的晚上，把下一周七天的每日行動清單列出來。讓自己進入工作週的時候，有一個依循的依據，可以更快進入專注在某些重要行動的任務、專案上。

有一份有效的每週子彈行動清單，可以帶來幾個好處：

● 讓大腦減少更多無謂的決策，更有效地清空大腦，達到大腦減壓的效果。

● 可以提前知道下一週會有哪些空檔，哪些時間已經被擠滿，可以提前做一些調配。

● 提前計畫，可以幫助我們有更充裕時間思考，更好的判斷專案重要性，確認任務跟任務之間的關聯。

● 在充裕的時間裡面先做出最好的選擇，而不要等到混亂當下才做出很有可能犯錯的選擇。

擁有系統，決定每週子彈行動清單更簡單、更準確

更重要的是，要列出每週子彈筆記清單，其實並不難，因為我們的前面六個章節，已經建構了一套完整自動化的時間管理系統，這套系統將可以幫助我們非常快速有效的選擇出下一週的子彈筆記行動清單。

我現在，大概每個禮拜天晚上花三十分鐘到一個小時的時間，根據下面的步驟，就可以相對準確的排出下個禮拜的每日行動清單。

而且這樣設計出來的行動清單，他的達成率會比一般的待

辦清單還要高上非常的多！

　　我的操作步驟是這樣的，打開我的 Evernote 子彈任務管理系統，然後依序處理：

- 先看時間提醒：有沒有下週特定時間要開始的任務？

- 看「重要」標籤：哪些專案需要推進進度？

- 看「收集箱」：有沒有這週收集，還沒排程處理的任務？

- 根據已經排出來的子彈行動清單，看看有沒有可以安排的特殊情境任務：空閒、兩人時間、思考、測試、撰寫、採買、家事。

- 看「計畫」標籤：有企劃中專案可以推進下一步了嗎？

- 看「追蹤」標籤：有沒有需要回顧的任務？

　　是的，真的就這麼簡單，只要從每個步驟中，挑出要執行的行動，排入下周的每日行動清單，那麼就會是一個更有效、不怕遺漏的行動清單了。

7-2 每日行動清單的 123 原則

不過，我在安排每日行動清單時，還有一個挑選的技巧，或者說原則，我稱呼他「123 原則」，他會幫我決定每天如何調配不同專案的數量、權重。

為什麼是123原則？而非單純的每日時間表排程？
因為，只有排程的任務是最無趣的。

其實，我是一個愛拖延，容易恐懼擔心，不積極，而常常感覺什麼都缺乏動力的人。這種情緒伴隨著我，很少因為累積了很多成就而完全消失，總是一而再、再而三的湧現。

這似乎跟時間管理背道而馳，但也因此，我非常能感同身受覺得自己無法管理時間，是什麼樣的感覺。

但我會嘗試透過一個列每週每日行動清單的 123 方法，來幫我改善處在這樣情況下的自己。

123 的時間調配節奏

這個方法很簡單，透過「三種時間節奏」的掌控，就能幫助我自己做出相對有效的時間管理，而這個方法的目的：在於可以幫助我更容易展開行動，於是產生行動的動力，進而得到行動後的滿足感。

什麼是 123 每日行動清單法則？

● 每天都預先設定一個專屬於自我實現的重要目標

● 每天設定兩個專案的推進進度

● 每天早午晚三個時段，還剩下多少時間處理瑣事

我會一週前，先列好下一週七天，每一天的 123 行動清單。

下面讓我來說明這樣做的意義、價值，和我背後的思考邏輯與真實經驗談。

一，每天都預先設定一個專屬於自我實現的重要目標

人生中有些事情沒有人逼你，沒有時限，但你為自己選擇推進的重要事情。而這是找到成就感，感受到快樂的最佳方法。

或許那對我來說是寫完一篇部落格文章，或是和老婆一起看完一部我們都想看的劇集，還是讀幾本童書陪伴孩子入睡。

我會主動的、具體的為自己挑選出這些事情，事先挑選出來，排好一週內每一天要去實現的個人目標：

讓每一天有自己就能找到成就感的行動，這會是最好的動力生產機制。

接著，我會利用空檔去推進這個每天選擇好的個

人目標，這可以幫助自己好好把握住那些突然出現的空檔，不至於白費。

空檔其實常常出現，只是我們當下不知道應該要做什麼，但時間不會等人。所以要反過來操作，先為自己設定好空檔可以專注的事，那麼就能有效的把握零碎時間。

這樣做，還有另一個效果是，如果自己完全沒有動力工作，不想去做所謂的正事，那麼不如把時間投注在這些自己想做的重要目標上吧！這樣起碼和逃避時間、打發時間後的懊悔相比，去做自己有成就感的事，起碼在之後會獲得更大的成就感。

而這樣的動力，反而能激勵我們去完成那些工作、生活中困難的事。

二，每天設定兩個專案的推進進度

專案常常多頭並行，事情常常雜亂無序，如果一股腦地栽進去，那麼就像沒有地圖就跑進迷宮，焦慮、煩惱、壓力只會增加得更快。

這時候，不如把所有要做的事情攤開來，也把自己僅有的時間攤開來，具體的看看，到底「真正可以排進來完成的」有哪些事情。

是的，我也總會發現事情做不完，無法排進這僅有的時間。但這樣可以：

● 督促我去排入真正非完成不可的事情。

● 提醒我如何提早開始某些行動。

● 並鼓勵我勇敢地捨棄一些行動，專注到最重要的行動上。

放心，也不用真的拿著時間表去排，那樣反而更容易做不到，又會花掉許多時間。

我的方法相對簡單，我會這樣設想，人一天的作息，通常會有兩個最有精力的時段。讓早上最有精力時段、下午最有精力時段，推進那些有難度的專案進度，知道自己每天最有生產力的時刻，要展開什麼具體行動。

這樣來看，每天推進兩個專案的重要進度，或某個專案的

兩個重要進度，其實就很多了。

　　最好能預排好未來一周的每日行動清單，這樣做的好處是，如果我知道禮拜五要完成 A 專案的某個進度，那麼我就知道禮拜一到禮拜四，每一天要推進 A 專案的哪些行動，最後那個進度才會完成。

　　只有設定好自己想要推進的專案進度，才能知道專案還需要多少時間才能完成。

　　避免超現實的設想，知道自己要如何提前開始，也知道自己可能必須再多爭取多少時間，以及知道自己要排除哪些多餘的事情。

三，每天早午晚還剩下多少時間處理瑣事

　　當前面的自我實現、專案進度都已經安排好，我們可以具體感受到，要為自己留下多少時間去處理前面那些更重要的事情。

　　而這時候，也就可以知道自己每天所剩時間其實不多，自己必須更大幅度的減少瑣事，減少旁支事情的干擾。

　　但確實可以安排一些瑣事，或是簡單行動，一天早午晚三個時段，需要一些簡單瑣事來當作調劑。但不要太多，三件當作調劑也就夠了，最好更少，因為每天一定還有很多意外、臨時狀況，會增加我們要處理的瑣事數量。

所以有時不如留白，給自己彈性的處理意外瑣事的時間。

　　這樣的行動清單，不是只理想化的思考重要性，也不是只把一堆事情壓在自己身上，而是真正具體的、現實的，但也感性的、自我理解的，去為自己設計出可以找到成就、可以按部就班、可以找回動力的行動清單。

第八章

這是一個幫助自己愈來愈有效率的成長系統

8-1 子彈日記，串連計畫、執行與反省的循環流程

前文中，我提到自己不喜歡一般的待辦清單軟體，因為沒有背後的支援系統，是列出來真正有效的行動清單的。

除此之外，我還有另外一個不太愛用待辦清單軟體的原因，那就是行動完成了就被畫掉！你說，這不是很有成就感嗎？但是，前面我們有討論過，如果一個行動做完了，他就結束了，這代表這個行動不重要，或是無法延伸更多價值。

時間管理系統，是專注去創造價值的系統，而不是把清單劃完就好的系統。

　　所以，行動、任務、專案完成了，我們需要思考的是，經過了這次系統的流程，有沒有可能幫助自己下一次的成長呢？

　　順著這樣的思考，我也演化出了一套依附在前面每週子彈行動清單的日記系統，我稱呼他：「子彈日記」。

什麼樣的日記，是有效的日記？

　　第一個方法是：「根據目標來寫日記」，不是隨便亂寫，而是寫下今天在目標上做了什麼行動，即使再小都好，讓自己保持在往目標前進的路上。

　　第二個方法是：「建立閉環」，根據目標寫下日記，根據日記繼續修正明天的計畫、未來的目標，然後再寫下執行目標後的日記。這樣就是一個閉環，表示自己在循環的過程中，專注在一個一致而沒有漏洞的道路上。

　　而我決定，把這個方法，實踐在子彈行動清單上面。

每日檢視，把行動改寫成日記

我本來就會有一個「每日子彈行動清單」。

關鍵是，這些行動清單背後都在「關注著」近期最重要的幾個「目標」，例如我在學習的方法？我在玩的遊戲？我在養成的習慣？我在執行的工作專案？

既然如此，若要「根據目標來寫日記」，我便想說，何不直接在每天完成行動後，直接把行動改寫成日記呢？

因為我規劃的每日子彈行動，本身就是以目標為依據。而完成了這個行動本身，其實就是日記的一部分，我只要把執行過程的心得與反省補充進來即可。

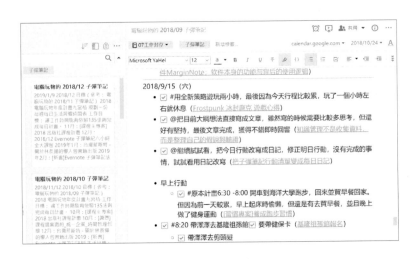

　　例如上圖中，我原本有個行動是：「用全新策略遊玩兩小時遊戲」，今日完成後，除了勾選完成外，我只要「在這句話之後」，直接補上兩句心得即可，就是一則很完整的日記內容。

　　每天晚上（或第二天早上，看我的空檔），我會把過去一天完成的事情打勾，並且在行動後面直接補上執行心得，作為一個收尾。

　　這樣累積下來的行動清單，當我回顧時，變得更加生動，更容易回憶起那一天實際的執行狀況，並且也會引發接下來如何修正行動的想法。

從日記出發，修正明日行動：

　　在行動後面，加上幾句執行後的心得，花的時間很少，但是當有了這樣的思考後，會「更加清晰的」看到自己接下來應該採取的行動。

　　於是，這樣的日記，不再只是行動的「結尾」，
　　也是接下來行動最好的「開始」。

　　我每天晚上把子彈行動清單改寫成日記後，就會把寫日記時新加入的想法，安排到明日或未來的行動清單。

　　我每週進行下週子彈行動清單安排時，也可以直接回顧上一週所有的「行動＋日記」，這幫助我更容易掌握下一週還要推展什麼，並且更快完成下週行動的安排與發想。

執行時隨時修正，工作日誌的概念：

　　而既然每天的行動清單，都已經要改寫成日記，那麼這份清單也就是「隨時都能動態修改」的了。

　　我們常常做了計劃後，很怕修改，但如果外在環境、內在心情都是變動的，那計畫又如何能夠不修改呢？

　　反正最後都要改寫成日記，那麼就更勇敢的在「執行的當下」，也根據情況做各種修改，讓行動更好執行，讓自己去做能夠做的事。

　　這樣執行了好個月後，我發現這是一個更強大的行動清單，也是一份更強大的日記，在「計畫與日記二合一」的情況下，為我帶來了下列優點：

- 無論寫日記、做計畫都更加節省時間，因為各幫對方做好一半工作。

- 更容易做每天的檢視，因為就在每天預先安排的計畫上，去檢視自己的執行結果。

- 更容易做明天的計畫，因為就在每天完成的日記上，去修正明日的行動。

- 讓自己的行動是連貫的，這一點非常重要，表示我每一個行動從日記到計劃，從計劃到日記，保持前後一致的方向。

　　如果你也在做子彈行動清單的朋友，或許也可以試試看，不用另外寫一本日記，就把你的子彈筆記每天改寫成日記吧！

8-2　子彈時間管理演化哲學

　　本書進行到這邊，一整套 Evernote 子彈筆記方法，以及背後我想要建立的時間管理系統，已經非常完整的跟大家介紹演練完畢。

　　我非常期待你也能嘗試看看這樣的管理方法，說不定還可以應用在不是 Evernote，你自己選擇的其他管理工具上面，很期待聽到大家實踐過後，可以給我一些回饋。（你可以透過我的電子郵件帳號，跟我交流問題：esorhjy@gmail.com）

　　最後，讓我為這套 Evernote 子彈筆記方法，做一個總結。這一套方法，可以說是下面五個步驟的逐步演化：

● 行動演化出任務

● 任務演化成子彈

● 任務子彈演化成專案武器

● 專案武器演化出戰略情境

● 戰略情境演化出攻擊指令

　　我們原本的時間管理方法，很容易迷失在雜亂的行動當中，找不到目標，那麼所有的攻擊都是沒有力道的。

　　所以行動，不會是最好的子彈。我們必須把行動關聯起來，找到他背後真正要攻擊的目標，也就是一個一個任務要達到的成果，打造出一個有目標、有拆解的任務，這樣的任務才會是一顆有效的子彈，具有殺傷力的子彈

　　但是，子彈也必須要搭配優良的武器，才能發揮最大的攻擊力。而專案就是我們真正的武器，把任務關聯到專案，就要把子彈上膛。這時候，我們就不會是徒手丟子彈，而是可以利用專案這個武器，集中火力，發揮最大的攻擊效果。

　　可是，亂槍打鳥的話，我們也沒辦法真正的攻下對方的要寨。所以我們必須要開始思考戰略，所謂的戰略，就包含了排

程、提醒，甚至更高級的戰略包含了目標重要性的選擇、攻擊情境的挑選。如果可以把這些條件思考進來，擬出一份大戰略，那麼我們真的就可以開始出兵打仗。

而這時候，為了因應戰場上面瞬息萬變、沒有猶豫時間的特性，我們可以擬出一個每週子彈行動的攻擊清單，他就是我們優先遵守的攻擊指令，幫助我們在每一天的行動當中，做出最快速的決策與攻擊。

把這一套系統演練熟練，我們就能成為最佳的時間管理攻擊手！

並且，事實上這套系統沒有那麼困難，也沒有那麼花時間，其實他還會是一個相對更簡單的管理方式，相對更輕鬆無壓的選擇系統，相對更準確的行動流程，以及相對可以創造價值，帶來成就感的人生哲學。

這本書，希望透過這套系統的練習，幫助大家開始踏出真正有效改變的步伐。

【View職場力】2AB948

大腦減壓的子彈筆記術：
用 Evernote 打造快狠準任務整理系統

作　　者／電腦玩物站長Esor
責任編輯／黃鐘毅
版面構成／劉依婷
封面設計／韓衣非（走路花工作室）
行銷企劃／辛政遠、楊惠潔

總 編 輯／姚蜀芸
副 社 長／黃錫鉉
總 經 理／吳濱伶
發 行 人／何飛鵬
出　　版／電腦人文化
發　　行／城邦文化事業股份有限公司
　　　　　歡迎光臨城邦讀書花園
　　　　　網址：www.cite.com.tw
香港發行所／城邦（香港）出版集團有限公司
　　　　　香港灣仔駱克道193號東超商業中心1樓
　　　　　電話：(852) 25086231
　　　　　傳真：(852) 25789337
　　　　　E-mail：hkcite@biznetvigator.com
馬新發行所／城邦（馬新）出版集團
　　　　　【Cite(M)Sdn Bhd】
　　　　　41,jalan Radin Anum,
　　　　　Bandar Baru Sri Petaling,
　　　　　57000 Kuala Lumpur,Malaysia.
　　　　　電話：(603) 90563833
　　　　　傳真：(603) 90562833
　　　　　E-mail:cite@cite.com.my

印　　刷／凱林彩印股份有限公司
2022 (民111) 年10月　初版10刷　Printed in Taiwan.
定價／320元

國家圖書館出版品預行編目資料

大腦減壓的子彈筆記術：用 Evernote 打造快狠準
任務整理系統
/ 電腦玩物站長 Esor 著.
--初版--臺北市；創意市集出版
；城邦文化發行，民108.3
　面；　公分
ISBN 978-957-2049-10-5（平裝）
1.雲端運算 2.電腦軟體
312.136　　　　　　　　　　　108002683

●如何與我們聯絡：
1.若您需要劃撥購書，請利用以下郵撥帳號：
　郵撥帳號：19863813　戶名：書虫股份有限公司

2.若書籍外觀有破損、缺頁、裝釘錯誤等不完整現
象，想要換書、退書，或您有大量購書的需求服
務，都請與客服中心聯繫。
客戶服務中心
地址：10483 台北市中山區民生東路二段141號B1
服務電話：（02）2500-7718、（02）2500-7719
服務時間：週一 ～ 週五9：30～18：00
24小時傳真專線：（02）2500-1990～3
E-mail：service@readingclub.com.tw

※詢問書籍問題前，請註明您所購買的書名及書
號，以及在哪一頁有問題，以便我們能加快處理
速度為您服務。

※我們的回答範圍，恕僅限書籍本身問題及內容撰
寫不清楚的地方，關於軟體、硬體本身的問題及
衍生的操作狀況，請向原廠商洽詢處理。

※廠商合作、作者投稿、讀者意見回饋，請至：
FB粉絲團：http://www.facebook.com/InnoFair
Email信箱：ifbook@hmg.com.tw